Hans-Georg Harnisch
Dieter Muhs
Michael Berdelsmann

Maschinenelemente

Berechnen mit einer Tabellenkalkulation

Hans-Georg Harnisch
Dieter Muhs
Michael Berdelsmann

Maschinenelemente

Berechnen mit einer Tabellenkalkulation

Einführung – Anwendung – Software

Friedr. Vieweg & Sohn Braunschweig/Wiesbaden

Die Deutsche Bibliothek - CIP-Einheitsaufnahme

Harnisch, Hans-Georg:
Maschinenelemente - Berechnen mit einer Tabellenkalkulation: Einführung, Anwendung, Software / Hans-Georg Harnisch; Dieter Muhs; Michael Berdelsmann. - Braunschweig; Wiesbaden: Vieweg, 1993
(Viewegs Fachbücher der Technik)
ISBN-13: 978-3-528-04927-0

Das in diesem Buch enthaltene Programm-Material ist mit keiner Verpflichtung oder Garantie irgendeiner Art verbunden. Der Autor und der Verlag übernehmen infolgedessen keine Verantwortung und werden keine daraus folgende oder sonstige Haftung übernehmen, die auf irgendeine Art aus der Benutzung dieses Programm-Materials oder Teilen davon entsteht.

Der Verlag Vieweg ist ein Unternehmen der Verlagsgruppe Bertelsmann International.

Umschlaggestaltung: Hanswerner Klein, Leverkusen
Satz: Vieweg, Braunschweig
Gedruckt auf säurefreiem Papier

ISBN-13: 978-3-528-04927-0 e-ISBN-13: 978-3-322-85910-5
DOI: 10.1007/ 978-3-322-85910-5

Vorwort

Zu der am weitesten verbreiteten Standardsoftware gehören Tabellenkalkulationen, wie beispielsweise LOTUS 1-2-3® und hierzu kompatible Systeme. Bei den LOTUS 1-2-3® kompatiblen Systemen gibt es eine Reihe von sehr preiswerten Varianten, wie z.B. WORD&FIGURES® oder AS EASY AS®, die von ihrem Leistungsumfang LOTUS 1-2-3® fast gleichwertig sind. Aufgrund ihres günstigen Preises sind sie insbesondere im Bereich der Ausbildung und der Lehre von besonderem Interesse. Aus diesem Grund soll im vorliegenden Buch das System WORD & FIGURES® behandelt werden. Die hier besprochenen Befehle und Funktionen sind ohne Einschränkung in LOTUS 1-2-3® gültig.

In der Regel besitzt ein Tabellenkalkulationsprogramm die drei Komponenten: Tabellenkalkulation, Erstellen von Grafiken und Arbeiten mit Datenbanken. Ein solches System findet in der Praxis vielfältigen Einsatz, wobei kommerzielle Anwendungen, wie z.B. das Auswerten von Umsatztabellen und das Erstellen zugehöriger Geschäftsgrafiken, überwiegen. Mit diesem Buch soll das Augenmerk auf die Anwendung von Tabellenkalkulationen bei der Lösung mathematisch-technischer Aufgabenstellungen gelenkt werden. Hierzu werden auf der dem Buch beiliegenden Diskette neben einer Demoversion des Systems WORD&FIGURES® für die Berechnung einer Reihe von Maschinenelementen geeignete Tabellen zur Verfügung gestellt. Diese Tabellen bauen auf dem im gleichen Verlag erschienen Lehr- und Lernsystem ROLOFF/MATEK: MASCHINENELEMENTE auf und ergänzen es gleichzeitig, da sie zum Bearbeiten und Lösen der dort gestellten Beispiel- und Übungsaufgaben benutzt werden können.

Das Durchführen von technischen Berechnungen mit Hilfe von Tabellenkalkulationen bietet gegenüber der bisher meist üblichen Programmierung mit einer sogenannten Hochsprache, wie z.B. Pascal oder Fortran, wesentliche Vorteile. Beispielsweise kann man ohne großen Programmieraufwand mehrere Lösungsvarianten ermitteln und zum Vergleich einander gegenüber stellen. Die grafische Darstellung der Ergebnisse ist sehr einfach zu realisieren. Ferner ist ein flexibleres Arbeiten als mit einem herkömmlichen Berechnungsprogramm möglich.

Das vorliegende Buch gliedert sich in drei Kapitel. Im Kapitel 1 werden die für das Arbeiten mit WORD&FIGURES® und damit für das Arbeiten mit einer beliebigen LOTUS 1-2-3® kompatiblen Tabellenkalkulation erforderlichen Befehle und Funktionen behandelt. Dies erfolgt beispielorientiert und wird durch das Stellen zusätzlicher Aufgaben ergänzt. Die Tabellen zu den verschiedenen Beispielen liegen auf der Diskette vollständig vor und können vom Leser zum besseren Verständnis des Buches herangezogen werden.

Auf weiterführende Befehle, Funktionen und allgemeine Vorgehensweisen, wie z.B. das Erstellen von Funktionsgrafiken, das Arbeiten mit Makros und das Auswerten technischer Tabellen, wird im Kapitel 2 näher eingegangen. Dies erfolgt anhand von Beispielen für typische Anwendungsfälle aus dem mathematisch- technischen Bereich. Zu diesen Beispielen liegen ebenfalls geeignete Tabellen auf der Diskette vor.

Nach dem Durcharbeiten der Kapitel 1 und 2 und dem Lösen der dort gestellten Aufgaben sollte der Leser in der Lage sein, selbst Tabellen für mathematisch-technische Aufgabenstellungen zu entwickeln. Die in diesen beiden Kapiteln vermittelten Kenntnisse sind ferner Voraussetzung zum besseren Verständnis der im abschließenden Kapitel behandelten Tabellen.

Im Kapitel 3 wird näher auf die Tabellen zur Berechnung von Maschinenelementen eingegangen. Es handelt sich hierbei um die Auslegung zylindrischer Schraubendruckfedern, die Ermittlung des Entwurfsdurchmessers von Achsen, das Bestimmen der Übermaße und der Paßtoleranz bei Preßverbänden, der Verzahnungsgeometrie von Stirnrädern und der Berechnung einer Getriebe-Zwischenwelle. Die verwendeten Formeln und Algorithmen stimmen mit denen aus dem ROLOFF/MATEK: MASCHINENELEMENTE überein. Für die einzelnen Tabellen werden in jeweils zwei Unterkapiteln die wesentlichen Grundlagen und das eigentliche Arbeiten mit den Tabellen behandelt. Zusätzlich zu den Aufgaben im Buch sollte der Leser zu Übungszwecken die vorliegenden Tabellen auf Aufgaben aus dem ROLOFF/MATEK anwenden.

Das Buch wendet sich nicht nur an maschinenbaulich interessierte Leser, sondern auch an diejenigen, die eine Tabellenkalkulation auf Problemstellungen aus den Naturwissenschaften und der Technik anwenden wollen, dabei sind keine Vorkenntnisse für das Arbeiten mit Tabellenkalkulationen erforderlich. Falls Vorkenntnisse vorliegen, kann sofort mit dem Kapitel 2 als Einstieg in die spezielle Anwendung von Tabellenkalkulationen in mathematisch-technischen Bereichen begonnen werden. Die Tabellen aus dem Kapitel 3 sind als Anwendungsbeispiele hierfür anzusehen und sollten auch für Nichtmaschinenbauer verständlich sein.

Wolfenbüttel, im Januar 1993

H.-G. Harnisch
D. Muhs
M. Berdelsmann

Inhaltsverzeichnis

Anhang

1 Einführung in die Tabellenkalkulation

1.1 Grundsätzliches zur Tabellenkalkulation

1.1.1 Konfiguration

Die im vorliegenden Buch behandelten Beispiele und Programme sind mit der Tabellenkalkulation WORDS & FIGURES® - im weiteren kurz mit WAF bezeichnet - der Firma Lifetree Software Inc. erstellt worden. WAF ist ein zu LOTUS 1-2-3® kompatibles Programmpaket, so daß alle im Buch behandelten Anwendungen auch unter LOTUS 1-2-3® oder hierzu kompatiblen Systemen möglich sind. Prinzipiell bestehen folgende Möglichkeiten:

- Tabellenkalkulation,
- Geschäftsgrafiken,
- Datenbankverwaltung und
- Textverarbeitung.

Die zum Buch gehörende Diskette enthält eine Demoversion von WAF, die abgesehen von folgenden Einschränkungen

- begrenzte Tabellengröße mit maximal 100 Zeilen und 26 Spalten und
- keine Druckerausgabe einer Tabelle oder Grafik

voll funktionsfähig ist.

Für das Arbeiten mit dieser Demoversion werden benötigt:

- Hardware
  - Personal-Computer mit Prozessor 8086 oder höher,
  - Arbeitsspeicher mit mindestens 256 KB-RAM,
  - Grafikkarte: Hercules, CGA, EGA oder VGA,
  - 5,25 oder 3,5 Zoll Diskettenlaufwerk und
  - optional eine Festplatte.
- Software
  - Betriebssystem PC- oder MS-DOS ab Version 2.0.

Bevor mit der Demoversion gearbeitet werden kann, ist diese zweckmäßigerweise in einem Verzeichnis WAF auf der Festplatte zu installieren und zu konfigurieren. Dies erfolgt durch die Eingabe der MS-DOS-Befehle:

C:\>**MD WAF <Return>** {Anlegen vom Verzeichnis WAF}
C:\> **CD WAF <Return>** {Wechseln in das Verzeichnis WAF}
C:\WAF>**COPY A:*.* <Return>** {Kopieren der Demodiskette}
C:\WAF>**CONFIG <Return>** {Konfigurieren von WAF}
C:\WAF>**5 <Return>** {Eingabe des Grafiktreibers }

☞ *Hinweis: Benutzereingaben und Erläuterungen*

Die Eingaben eines Benutzers werden fettgedruckt dargestellt. Das Drücken einer beliebigen Taste entsprechend mit **<Taste>**. Erläuterungen zu den einzelnen Befehlseingaben stehen in geschweiften Klammern dahinter.

Die Konfiguration von WAF besteht aus der Auswahl der verwendeten Grafikkarte und des Bildschirms. Mit dem Befehl CONFIG wird eine Liste der möglichen Treiber auf dem Bildschirm dargestellt, woraus der benötigte durch die Eingabe der entsprechenden Nummer ausgewählt wird. Die Konfiguration ist nur einmal durchzuführen und verläuft entsprechend, falls man nicht mit einer Festplatte sondern mit einem Diskettenlaufwerk arbeitet.

1.1.2 Starten und Beenden einer Tabellenkalkulation

In diesem Abschnitt werden die Möglichkeiten, die das System WAF dem Benutzer bietet, kurz besprochen. Ferner werden das Starten und Beenden des Arbeitens mit WAF näher dargestellt.

Nach dem Start von WAF mit:

C:\>**CD WAF <Return>** {Wechseln in das Verzeichnis WAF}
C:\WAF>**WAF <Return>** {Starten von WAF}

und dem internen Laden des Systems erscheint der sogenannte WAF-Start-Bildschirm:

Die ersten drei Zeilen des Bildschirms dienen zur Information des Benutzers und werden als Bedienfeld bezeichnet (vgl. hierzu Bild 1-1).

In der Statuszeile wird die Betriebsart angegeben, in der sich das System WAF befindet. Nach dem Start von WAF ist dies das Hauptmenü, das durch MENÜ in der Statuszeile angezeigt wird. Weitere Betriebsarten sind beispielsweise BEREIT, LADEN und RECHNEN.

In Abhängigkeit von der laufenden Bearbeitung werden in der Informationszeile folgende Angaben gemacht:

- Menü für weitere Auswahlmöglichkeiten oder
- Adresse, Format und Inhalt der aktuellen Zelle.

Beispielsweise steht nach dem Start von WAF das Hauptmenü in der Form:

Spreadsheet Text New Exit

in der Informationszeile des Start-Bildschirms.

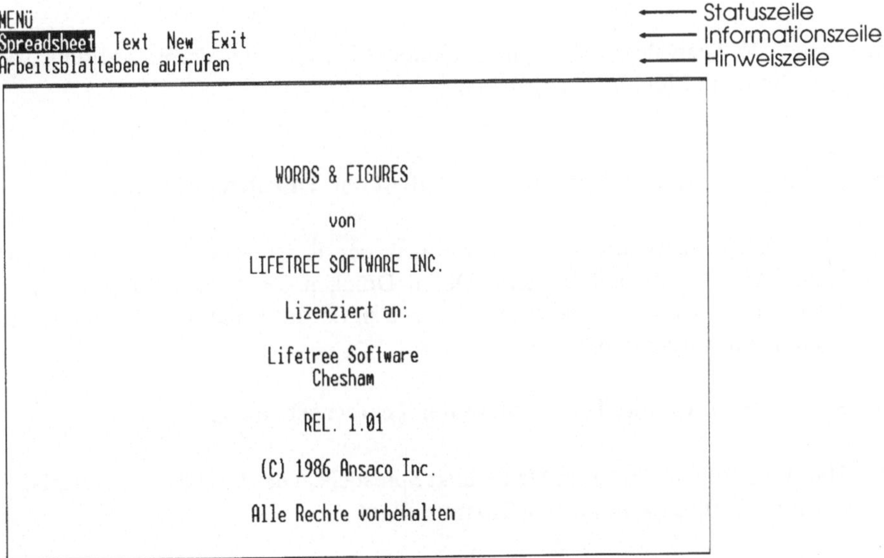

Bild 1-1: Bildschirmanzeige nach dem Starten von WAF

Die Hinweiszeile enthält je nach Zusammenhang beim Arbeiten mit der Tabellenkalkulation:

- eine Kurzbeschreibung bzw. ein Untermenü für den Menüpunkt, auf dem sich der Cursor befindet oder
- den gerade eingegebenen bzw. überarbeiteten Inhalt einer Zelle.

Die im System WAF zur Verfügung stehenden Bearbeitungsmöglichkeiten von Tabellen und Texten werden in hierarchisch strukturierten Menüs angegeben. Das Hauptmenü von Bild 1-1 bietet folgende Möglichkeiten:

- Spreadsheet Aufruf der Tabellenkalkulation,
- Text Aufruf der Textverarbeitung,
- New Neustart von WAF und
- Exit Beenden des Arbeitens mit WAF.

Die Auswahl eines speziellen Menüpunktes erfolgt durch:

- Eingabe des Anfangsbuchstabens für den Menüpunkt bzw.
- Bewegen des Cursors mit den Pfeiltasten (← und →) zu diesem Menüpunkt und Drücken der Return-Taste.

Bestehen für den gewählten Menüpunkt mehrere Möglichkeiten der Bearbeitung, so werden diese wiederum in Menüform angeboten.

WAF-Hauptmenüpunkt Spreadsheet: Aufruf der Tabellenkalkulation

Mit diesem Menüpunkt erfolgt der Aufruf der Tabellenkalkulation, und es wird ein leeres Arbeitsblatt bereitgestellt. Durch Drücken der Escape-Taste (Esc) oder der Schrägstrich-Taste (/) kann anschließend in der Informationszeile das Arbeitsblatt-Hauptmenü aufgerufen werden.

WAF-Hauptmenüpunkt Text: Aufruf der Textverarbeitung

Hiermit erfolgt analog zum Menüpunkt Spreadsheet der Start der Textverarbeitung mit der Bereitstellung eines leeren Textformulars.

Beispielsweise erscheint nach Wahl des Menüpunkts Spreadsheet und Drücken der Escape-Taste ein leeres Arbeitsblatt für eine Tabellenkalkulation:

```
MENÜ
Worksheet Range Copy Move File Print Graph Data Text Quit
Global, Insert, Delete, Column-Width, Erase, Titles, Window, Status, Audit
      A        B        C        D        E        F        G        H
1
2
3
4
5
6
7
8
9
10
11
12
13
14
15
16
17
18
19
20
```

Bild 1-2: Arbeitsblatt-Hauptmenü

Nach Wahl von Text und Drücken der Escape-Taste ergibt sich analog für die Textverarbeitung folgender Bildschirm:

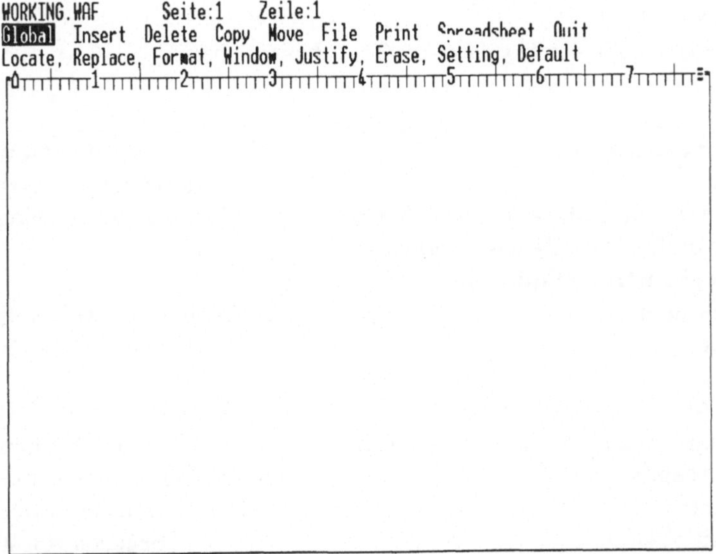

Bild 1-3: Text-Hauptmenü

WAF-Hauptmenüpunkt New: Programm neu starten.

Bevor hiermit das Programm WAF neu gestartet wird, werden in einem Menü die Optionen No und Yes angeboten. Durch die Wahl von No kann die Neuinitialisierung abgebrochen werden. Bei Wahl von Yes erfolgt das Initialisieren der Standardfestlegungen von WAF und der Rücksprung in das WAF-Hauptmenü.

WAF-Hauptmenüpunkt Exit: Beenden des Arbeitens mit WAF

Dieser Menüpunkt ermöglicht den Ausstieg aus dem System WAF und Rücksprung in die MS-DOS-Ebene. Analog zum Punkt New kann hier über die Optionen No und Yes der Ausstieg rückgängig bzw. bestätigt werden.

An dem folgenden Beispiel 1-1 für die Eingabe und das Abspeicherns eines einfachen Textes soll die prinzipielle Vorgehensweise beim Arbeiten mit WAF deutlich gemacht werden.

■ Beispiel 1-1: Arbeiten in der Textebene

Es ist der Text:

Dies ist ein einfacher Text.
Er umfaßt drei Zeilen
und ist jetzt zu Ende.

einzugeben und in der Textdatei TestText abzuspeichern.

WAF <Return> {Starten von WAF}
Text {Aufruf des Textsystems}
Dies ist ein einfacher Text. <Return> {Zeilenweise Texteingabe}
Er umfaßt drei Zeilen <Return>
und ist jetzt zu Ende. <Return>
<Escape> {Aufruf des Text-Hauptmenüs}
File {Abspeichern des Textes}
Save
WAF {Speichern als WAF-Datei}
Name der zu speichernden .WAF-Datei eingeben:**TestText <Return>**
<Escape> {Aufruf des Text-Hauptmenüs}
Quit {Verlassen der Textebene}
Exit {Beenden von WAF}
Yes {Programmausstieg bestätigen}

☞ *Hinweis: Speichern von Texten in Dateien*

Für das Abspeichern von Textdateien stehen die Optionen WAF und PRN zur Verfügung. Mit der Option WAF wird der Text einschließlich aller aktuellen Darstellungsfestlegungen in einer Datei abgespeichert, die automatisch das Suffix .WAF zum eingegebenen Dateinamen erhält. Die Abspeicherung mit der Option PRN erfolgt als Druckdatei im ASCII-Format ohne irgendwelche Steuerdaten. Diese Datei bekommt das Suffix .PRN.

◆ Aufgabe 1-1: Eingabe eines Textes

Der folgende Text aus [8]:

> Der Begriff der Tabellenkalkulation ist schnell erklärt:
> Gemeint ist schlichtweg ein Vorgang, den viele fast täglich durchführen - der Kellner im Restaurant, die Hausfrau in ihrem Haushaltsbuch, der Punktrichter beim Sportfest, der Schüler in der Schule. Sie alle schreiben mehr oder weniger lange Zahlenkolonnen auf ein Blatt Papier, errechnen Summen, Zwischensummen und Durchschnittswerte oder sortieren die Zahlen nach bestimmten Kriterien, um sie übersichtlich darzustellen. Genau diese Vorgänge (und noch viele andere) lassen sich mit einem Tabellenkalkulations-Programm schnell und komfortabel erledigen.

soll eingegeben und unter dem Namen AufgText abgespeichert werden.

1.1.3 Allgemeiner Aufbau einer Tabelle

Ein Arbeitsblatt in derWAF-Demoversion hat die Form einer Tabelle, die aus 100 Zeilen und 26 Spalten besteht. Den Schnittpunkt einer Zeile und einer Spalte bezeichnet man als Zelle oder Feld. Ein Arbeitsblatt besitzt also insgesamt 2600 Zellen, in denen jeweils

- eine Zahl,
- eine Formel oder
- ein Text

stehen kann. Man spricht in diesem Zusammenhang von drei möglichen Datentypen für den Inhalt einer Zelle, dabei bezeichnet man Zahlen und Formeln als Werte und Texte als Labels. Entsprechend erfolgt nach der Eingabe des ersten Zeichens ein Hinweis auf den von WAF erkannten Datentyp mit WERT bzw. LABEL in der Statuszeile. In Bild 1-4 ist ein einfaches Beispiel für eine solche Tabelle dargestellt.

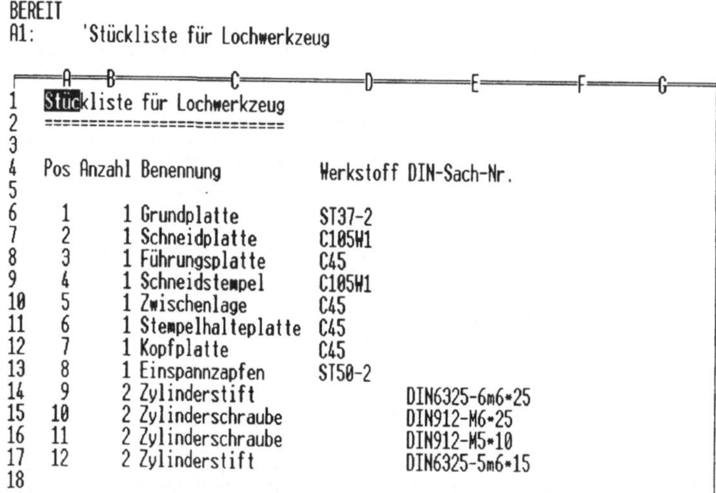
BEREIT
A1: 'Stückliste für Lochwerkzeug

	A	B	C	D	E
1	Stückliste für Lochwerkzeug				
2	=========================				
3					
4	Pos	Anzahl	Benennung	Werkstoff	DIN-Sach-Nr.
5					
6	1	1	Grundplatte	ST37-2	
7	2	1	Schneidplatte	C105W1	
8	3	1	Führungsplatte	C45	
9	4	1	Schneidstempel	C105W1	
10	5	1	Zwischenlage	C45	
11	6	1	Stempelhalteplatte	C45	
12	7	1	Kopfplatte	C45	
13	8	1	Einspannzapfen	ST50-2	
14	9	2	Zylinderstift		DIN6325-6m6*25
15	10	2	Zylinderschraube		DIN912-M6*25
16	11	2	Zylinderschraube		DIN912-M5*10
17	12	2	Zylinderstift		DIN6325-5m6*15
18					

Bild 1-4: Tabelle für eine Stückliste

☞ *Hinweis: Arbeitsblatt für WAF-Vollversion*

In der Vollversion besteht eine Tabelle aus maximal 9999 Zeilen und 256 Spalten.

Die Zeilen einer Tabelle in der Demoversion werden von 1 bis 100 durchnumeriert, die Spalten von A bis Z. Eine Zelle erhält als Adresse den Buchstaben der Spalte und die Nummer der Zeile, deren Schnittpunkt die Zelle bildet. Beispielsweise befindet sich in der obigen Tabelle der Cursor oder Zellzeiger auf der Zelle A1. In der Informationszeile der Tabelle wird die Adresse und der Inhalt der aktuellen Zelle angezeigt. In diesem Fall ist der Inhalt der Zelle A1 ein Label (Text).

Eine Zelle kann zur weiteren Bearbeitung auf verschiedene Weise ausgewählt werden, und zwar durch:

- zeilen- oder spaltenweises Verschieben des Cursors nach oben, unten, rechts und links mit den Pfeiltasten ↑ , ↓ , → bzw. ←,
- bildschirmweises Verschieben des Cursors nach oben, unten, rechts und links mit den Tasten PgUp, PgDn, Tab und Shift+Tab,
- Setzen des Cursors auf die Zelle A1 durch Drücken der Taste Home,
- Setzen des Cursors auf die untere rechte Ecke der Tabelle durch Drücken der Tasten End und Home nacheinander,
- Angabe der Adresse (Position) der Zelle mit Hilfe der Funktionstaste F5.

Funktionstaste F5: Auswahl einer Zelle über ihre Adresse

Nach Drücken der Taste F5 wechselt WAF vom BEREIT- in den ZEIGEN-Modus, und es erscheint die Aufforderung:

Sprung-Zelladresse eingeben:

Die Eingabe der Adresse ist mit Drücken der Return-Taste abzuschließen. Anschließend befindet sich WAF wieder im Modus BEREIT.

■ Beispiel 1-2: Auswahl von Zellen

Ausgehend von der Zelle C16 in der Tabelle von Bild 1-4 sind nacheinander verschiedende Zellen anzuwählen.

<→> {Zelle E16 ansteuern}
<→>
<↑> {Zelle E15 ansteuern}
< **F5**> {Zelle A6 ansteuern}
Sprung-Zelladresse eingeben: **A6 <Return>**
<Home > {Zelle A1 ansteuern}
<End> <Home> {Zelle E17 ansteuern}

1.1.4 Anwendungsmöglichkeiten

Tabellenkalkulationen werden meist im kaufmännischen Bereich genutzt, z.B. können Betriebsabrechnungen, Statistiken, Preiskalkulationen, Finanz- und Marketingpläne ohne großen Aufwand erstellt werden.

■ Beispiel 1-3: Verkaufspreis-Kalkulation

Die Kalkulation eines Verkaufspreises kann mit folgender Tabelle durchgeführt werden:

```
BEREIT
E19:

┌──────────────A──────────────B────C───D────E─────F─
1  Verkaufskalkulation
2                                 Eingabe         Ausgabe
3  ========================================================
4  Selbstkosten...........in DM  320.00          320.00 .-DM
5  + Gewinnzuschlag........% v.H.  12.5           40.00 .-DM
6  --------------------------------------------------------
7  Barverkaufspreis..............................  360.00 .-DM
8  + Kundenskonto..........% i.H.   2.0
9  + Vertreterprovision... % i.H.   6.0 zus. 8.0   31.30 .-DM
10 --------------------------------------------------------
11 Zielverkaufspreis.............................  391.30 .-DM
12 + Kundenrabatt..........% i.H.  20.0            97.83 .-DM
13 ========================================================
14 Verkaufspreis.................................  489.13 .-DM
15
```

Bild 1-5: Verkaufspreis-Kalkulation

Auch bei größeren Projekten, z.B. in den Bereichen Lagerbestandsführung, Fakturierung und Auftragsabwicklung, Produktionsplanung oder Qualitätskontrolle, sind Tabellenkalkulations-Programme von Nutzen.

Im mathematischen und technischen Bereich, insbesondere bei Berechnungen im Maschinenbau werden Tabellenkalkulationen bisher relativ wenig angewandt, obwohl sie sich auch hier hervorragend einsetzen lassen. Durch die Kombination Berechnung und grafische Darstellung können schnell Probleme bewältigt werden, die sonst einen großen Programmieraufwand benötigen. So können die Durchbiegung einer Welle berechnet und die zugehörige Biegelinien grafisch dargestellt werden. Für eine mathematische Funktion läßt sich eine Kurvendiskussion mit gleichzeitiger Darstellung der Kurvenverläufe durchführen. Ebenso kann man Regelsysteme berechnen und ihr Verhalten für unterschiedliche Parameterwerte untersuchen.

■ Beispiel 1-4: Berechnen eines Zugbolzens

Ein Zugbolzen wird mit einer Kraft F - wie auf der nächsten Seite dargestellt - belastet.

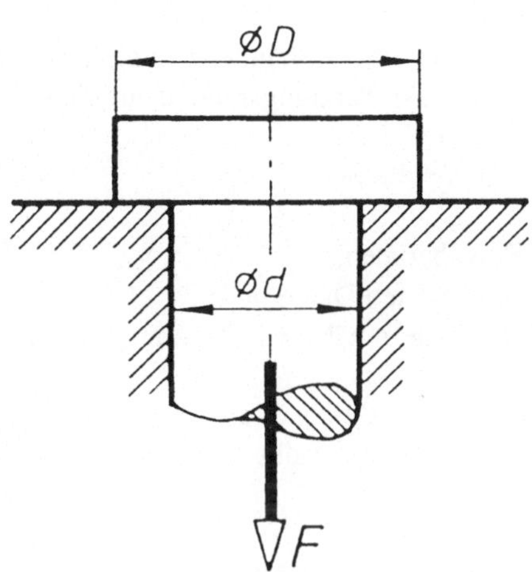

Bild 1-6: Zugbolzen

Man ermittle den erforderlichen Bolzendurchmesser d und den erforderlichen Kopfdurchmesser D, wenn eine vorgegebene Zugspannung $\sigma_{z\,zul}$ und eine vorgegebene Flächenpressung p_{zul} zwischen Kopf und Auflage nicht überschritten werden sollen.

Die Ermittlung der Durchmesser d und D kann für verschiedene Werte von F, $\sigma_{z\,zul}$ und p_{zul} mit einer Tabellenkalkulation durchgeführt werden:

```
BEREIT
B20:

                     A                  B    C
1  Berechnung eines Zugbolzens
2
3  Gegebene Werte:
4  Kraft F.........................    24 kN
5  Zul. Zugspannung      σzzul.......  80 N/mm²
6  Zul. Flächenpressung pzul........   60 N/mm²
7
8  Ermittelte Werte:
9  Bolzendurchmesser
10    erforderlich       derf.........19.5 mm
11    aufgerundet        d...........   20 mm
12 Kopfdurchmesser
13    erforderlich       Derf.........30.2 mm
14    aufgerundet        D...........   31 mm
15
```

Bild 1-7: Berechnung eines Zugbolzens

1.2 Arbeiten mit einer vorhandenen Tabelle

In diesem Kapitel wird behandelt, wie man eine vorhandene Tabelle benutzt, indem man durch Ändern der Eingabedaten andere Anwendungsfälle bearbeitet. Die prinzipielle Vorgehensweise ist dabei meist:

- Laden der Tabelle,
- Ändern der vorgegebenen Eingabedaten,
- Ausgabe der Tabelle mit aktualisierten Daten und
- eventuelles Abspeichern der geänderten Tabelle.

Nach dem Aufruf der Tabellenkalkulation durch Wahl des WAF-Hauptmenüpunkts Spreadsheet und Drücken der Esc- oder /-Taste ergibt sich das im Bild 1-2 dargestellte Arbeitsblatt-Hauptmenü mit den Punkten:

- Worksheet — Bearbeiten eines Arbeitsblatts,
- Range — Festlegen von Arbeitsblatt-Bereichen,
- Copy — Kopieren eines Arbeitsblatt-Bereichs,
- Move — Verschieben eines Arbeitsblatt-Bereichs,
- File — Arbeiten mit Dateien,
- Print — Drucken von Arbeitsblättern,
- Graph — grafische Darstellung von Arbeitsblättern,
- Data — Arbeiten mit Datenbanken,
- Text — Wechseln in die Textebene und
- Quit — Beenden des Arbeitens in der Arbeitsblatt-Ebene.

☞ *Hinweis: Befehle und Optionen*

Die im Arbeitsblatt-Hauptmenü angebotenen Menüpunkte werden im weiteren als Befehle bezeichnet. Für diese bestehen in der Regel weitere Wahlmöglichkeiten, die ebenfalls in Menüform angeboten werden. Diese Menüpunkte werden Optionen genannt. Die Bezeichnung Option wird auch für die Auswahlmöglichkeiten der sich unter Umständen weiter verzweigenden Menüs gewählt.

1.2.1 Laden einer Tabelle

Das Laden einer Tabelle kann mit dem Befehl File realisiert werden.

Befehl File: Arbeiten mit Dateien

Der Befehl File ermöglicht das Speichern von Arbeitsblättern in Dateien, deren Verwaltung und das Laden von Tabellen aus Dateien. Nach Wahl des Befehls File werden folgende Optionen angeboten:

– Retrieve	Laden einer Arbeitsblattdatei,
– Save	Speichern des aktuellen Arbeitsblattes,
– Combine	Einbindung einer Datei in das aktuelle Arbeitsblatt,
– Xtract	Speichern eines Auszugs des aktuellen Arbeitsblattes,
– Erase	Löschen von Dateien,
– List	Anzeige des Inhalts des aktuellen Dateiverzeichnisses,
– Import	Laden von Druckdateien,
– Directory	Anzeige und eventueller Wechsel des Verzeichnisses,
– Other	Laden, Speichern, Kombinieren und Kopieren von Textdateien.

☞ *Hinweis: Suffix von Arbeitsblattdateien*

Arbeitsblattdateien besitzen das Suffix .WKS im Dateinamen.

File-Option Retrieve: Laden einer Tabelle

Nach Wahl der Option Retrieve erscheint die Meldung:

Name der zu ladenden .WKS-Datei eingeben:

und ferner werden in einem Bildschirmfenster die Namen der im aktuellen Verzeichnis gespeicherten Arbeitsblattdateien zur Auswahl angeboten. Diese kann erfolgen:

- durch Bewegen des Cursors auf den gewünschten Dateinamen und Drücken der Return-Taste oder
- durch Eintippen des Dateinamens.

■ Beispiel 1-5: Laden einer Tabelle

Das Arbeitsblatt aus Beispiel 1-3 zur Kalkulation eines Verkaufspreises ist unter dem Namen PreisKal als .WKS-Datei gespeichert und soll geladen werden.

Spreadsheet {Aufruf der Tabellenkalkulation}
<Escape> {Aufruf des Arbeitsblatt-Hauptmenüs}
File {Datei laden durch Direkteingabe
Retrieve des Namens}
Name der zu ladenden .WKS-Datei eingeben: **PreisKal <Return>**

Nachdem die Datei PreisKal.WKS geladen ist, enthält das aktuelle Arbeitsblatt die zugehörige Tabelle. Das System WAF befindet sich im BEREIT-Modus, d.h., die Tabelle kann anschließend bearbeitet werden.

☞ *Hinweis: Fehlerhafte Eingabe eines Dateinamens*

Wird ein Dateiname falsch eingegeben und die Datei nicht gefunden, so erscheint die Fehlermeldung:

Dateiname oder Verzeichnis unzulässig

und die Eingabe ist zu wiederholen.

☞ *Hinweis: Rücksprung in nächsthöhere Menüebene*

Beim Arbeiten mit WAF kann man durch Drücken der Escape- oder Schrägstrich-Taste in die nächsthöhere Menüebene zurückspringen.

◆ Aufgabe 1-2: Laden eines Arbeitsblatts

Das unter dem Namen Bolzen gespeicherte Arbeitsblatt zur Berechnung eines Zugbolzens ist zu laden.

1.2.2 Ändern von Eingabedaten

Die Daten in einem Arbeitsblatt können:

- durch Editieren des Zellinhalts oder
- durch Überschreiben des Zellinhalts

geändert werden.

Funktionstaste F2: Editieren von Zellinhalten

Nach Drücken der Funktionstaste F2 wird der Inhalt der aktuellen Zelle, d.h., in welcher der Cursor steht, in die Hinweiszeile kopiert und kann dort verändert werden. Mit den Pfeiltasten ← und → kann der Cursor in der Hinweiszeile bewegt werden. Durch die Tasten ↑ , ↓ oder der Return-Taste wird der Editiermodus beendet und der geänderte Zellinhalt übernommen. Das Ändern von Zellinhalten durch Editieren eignet sich besonders für längere Texte (Labels) oder Formeln (Werte).

☞ *Hinweis: Label-Präfix-Zeichen*

Durch das Setzen eines Label-Präfix an den Anfang eines Textes kann dieser in einer Zelle ausgerichtet bzw. wiederholt werden. Hierfür bestehen folgende Möglichkeiten:

- Apostroph (') Ausrichtung am linken Zellenrand,
- Anführungszeichen (") Ausrichtung am rechten Zellenrand,
- Caret (^) Zentrierung innerhalb der Zelle und
- rückwärtiger Schrägstrich (\) Auffüllen der Zelle mit anschließenden Zeichen.

Mit Hilfe dieser Präfixe können Zahlen und Formeln auch als Texte gekennzeichnet und als solche in eine Zelle eingegeben werden.

Eine geänderte Tabelle kann mit der Option Save des Befehls File unter ihrem alten bzw. unter einem neuen Namen abgespeichert werden.

File-Option Save: Aktuelles Arbeitsblatt speichern

Nach Wahl der Option Save ist auf die Meldung:

Name der zu speichernden .WKS-Datei eingeben: Vorgabe

der Dateiname festzulegen, unter dem das Arbeitsblatt gespeichert werden soll. Bei Bestätigen des vorgegebenen Namens durch Drücken der Return-Taste werden folgende Möglichkeiten angegeboten:

– Cancel	Abbrechen des Befehls,
– Replace	Überschreiben der alten Datei ohne Anlegen einer Sicherungsdatei bzw.
– Backup	Überschreiben der alten Datei mit Anlegen einer Sicherungsdatei.

Wird ein neuer Name eingegeben, so erfolgt das Abspeichern des Arbeitsblattes unter diesem Namen ohne weitere Rückfragen.

☞ *Hinweis: Zulässige Dateinamen*

Ein Dateiname besteht aus einer maximal achtstelligen Kombination von Buchstaben und Ziffern. Die Eingabe des Suffix .WKS ist nicht erforderlich.

☞ *Hinweis: Sicherungsdatei*

Sicherungsdateien werden in WAF - analog zu MS-DOS - mit dem Suffix .BAK gekennzeichnet.

■ Beispiel 1-6: Ändern von Texten

Die Tabelle StueLis aus Bild 1-4 sei geladen und soll geändert werden, und zwar zunächst die Überschrift 'Stückliste für Lochwerkzeug' in 'Stückliste für ein Lochwerkzeug'. Die Unterstreichung dieser Zeile ist entsprechend zu verlängern. Ferner soll der Werkstoff St50-2 für den Einspannzapfen in St60-2 geändert werden.

<F5> {Zelle A1 anspringen und Überschrift ändern}
Sprung-Zelladresse eingeben: **A1 <Return>**
Stückliste für ein Lochwerkzeug <↓>
<F2> {Editiermodus aktivieren}
'============================
'================================
<F5> {Zelle D13 anspringen}
Sprung-Zelladresse eingeben: **D13 <Return>**
St60-2 <Return>
<Escape> {Abspeichern der geänderten Tabelle}
File
Save
Name der zuspeichernden .WKS-Datei eingeben: StueLis **<Return>**
Replace

☞ *Hinweis: Überschreiben des Zellinhalts*

Durch direkte Eingabe einer Zahl, Formel oder Label und Drücken der Pfeiltasten oder der Return-Taste wird die aktuelle Zelle überschrieben. Dies ist bei der Eingabe von Zahlen von Vorteil.

☞ *Hinweis: Abspeichern der Zellzeigerposition*

Beim Abspeichern einer Tabelle wird die aktuelle Position des Zellzeigers mit abgespeichert. Man sollte daher vor dem Abspeichern den Zellzeiger in die erste Eingabe-Zelle setzen.

■ Beispiel 1-7: Eingabe von Zahlen

Ein Zugbolzen wird mit einer Kraft F=40 kN belastet. Es ist der Bolzendurchmesser d und der Kopfdurchmesser D zu berechnen, wenn die Zugspannung σ_{zzul} = 90 N/mm^2 und die Flächenpressung p_{zul} = 70 N/mm^2 nicht überschritten werden sollen. Man ermittle die Werte für d und D mit Hilfe der Tabelle aus Beispiel 1-4. Nach dem Laden der Tabelle erfolgt dies durch Eingabe der neuen Werte für F, σ_{zzul} und p_{zul}.

<F5> {Zelle B4 ansteuern}
Sprung-Zelladresse eingeben: **B4<Return>**
40 <↓> {Kraft F eingeben}
90 <↓> {Zugspannung σ_{zzul} eingeben}
70 <Return> {Flächenpressung p_{zzul} eingeben}

☞ *Hinweis: Neuberechnung*

Standardmäßig wird nach jeder Änderung von Zellinhalten eine Neuberechnung durchgeführt. Dies kann mit dem Befehl Worksheet und den Optionen Global und Recalculation geändert werden.

☞ *Hinweis: Eingabe von Zahlen*

Für die Eingabe von Zahlen stehen die Ziffern 0 bis 9, Plus- und Minuszeichen als Vorzeichen und der Dezimalpunkt zur Darstellung von Dezimalzahlen zur Verfügung. Durch Änderung des Formats kann die Darstellung mit dem Dezimalkomma gewählt werden. Ferner sind Eingaben von Zahlen in der Exponential- oder wissenschaftlichen Schreibweise in der Form:

± Mantisse E ± Exponent

möglich, dabei sind die Mantisse als beliebige Zahl und der Exponent als ganze Zahl anzugeben. Durch ein Prozentzeichen am Ende einer Zahl wird der Prozentwert der Zahl, d.h. der Wert der Zahl geteilt durch 100, festgelegt.

1.2.3 Ausgabe einer Tabelle

Die Ausgabe einer Tabelle kann mit dem Befehl Print realisiert werden.

Befehl Print: Ausgabe von Tabellen

Mit dem Befehl Print können Tabellen ausgedruckt oder in eine Druckdatei abgespeichert werden. Der Befehl bietet zwei Optionen zur Auswahl an:

- Printer — Ausdrucken von Tabellen mit Druckparametern und
- File — Abspeichern von Tabellen in eine Druckdatei.

☞ *Hinweis: Format und Suffix von Druckdateien*

Druckdateien sind ASCII-Dateien und erhalten automatisch das Suffix .PRN im Dateinamen. Sie können mit einem Editor, einem Textverarbeitungsprogramm oder dem MS-DOS Befehl TYPE ausgedruckt werden.

Print-Option Printer: Ausdrucken von Tabellen

Nach der Wahl der Option Printer wird eine Druckparameter-Liste - wie im Bild 1-8 dargestellt - mit den aktuellen Festlegungen der Druckparametern eingeblendet. Über diese Parameter erfolgt die Steuerung der Ausgabe und deren Format.
Über die in der Informationszeile angebotenen Optionen:

- Range — Bestimmen des Druckbereichs,
- Line — Ausführen eines Zeilenvorschubs am Drucker,
- Page — Ausführen eines Seitenvorschubs am Drucker,
- Options — Festlegen von Druckparametern,
- Clear — Initialisieren der Vorgabewerte für Druckparameter,
- Align — Festlegung der aktuellen Papierposition als Seitenanfang,
- Go — Start des Druckvorgangs und
- Quit — Verlassen der Druckebene und Zurückkehren in den Bereitschaftsmodus,

können u.a. die Druckparameter spezifiziert und die eigentliche Ausgabe aktiviert werden.

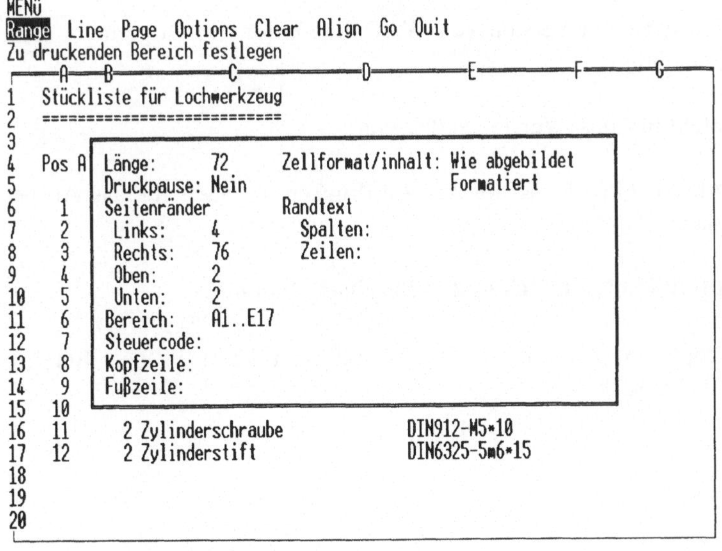

Bild 1-8: Druckparameter Liste

Printer-Option Range: Druckbereich bestimmen

Hiermit wird der Bereich des Arbeitsblattes bestimmt, der gedruckt werden soll. Es können also Teildokumente gedruckt werden. Soll das gesamte Arbeitsblatt gedruckt werden, so muß die Bereichsangabe die gesamte Tabelle erfassen. Die Eingabe des Bereichs erfolgt durch die Angabe der Start- und Endzelle in der Form:

Druckbereich eingeben: **Startadresse..Endadresse <Return>**

Printer-Option Go: Druckbereich mit festgelegten Optionen drucken

Es wird der angegebene Druckbereich unter Berücksichtigung der aktuellen Druckparameter über den Drucker ausgegeben. Der Druck kann durch das Drücken der beiden Tasten Ctrl und Break abgebrochen werden.

☞ *Hinweis: Drücken zweier Tasten*

Das gleichzeitige Drücken zweier Tasten wird im weiteren durch **<Taste1 + Taste2>** dargestellt.

☞ *Hinweis: Einschränkung der Demoversion von WAF*

Wird bei der Demoversion von WAF die Option Go aufgerufen, so erscheint die Fehlermeldung:

Befehl für diese Version außer Kraft

Dies gilt sowohl für das direkte Ausdrucken als auch für das Abspeichern einer Druckdatei.

Printer-Option Quit: Zurück in den Bereitschaftsmodus

Das Programm verläßt die Druckebene und kehrt in den Bereitschaftsmodus (BEREIT) zurück.

■ Beispiel 1-8: Ausdrucken einer Tabelle

Die Tabelle zur Berechnung eines Zugbolzens aus Beispiel 1-4 soll ausgedruckt werden:

<Escape> {Aufruf des Arbeitsblattmenüs}
Print {Ausgabe des Arbeitsblattes}
Printer {Aufruf des Untermenüs Printer}
Range {Direkteingabe des Druckbereichs}
Druckbereich eingeben:**A1..C14 <Return>**
Go {Arbeitsblatt drucken}
Quit {Verlassen des Druckmenüs}

☞ *Hinweis: Befehlsdialog*

Im weiterem beziehen sich - wie im obigen Beispiel - die angegebenen Befehlsdialoge nur auf die im Beispiel neu behandelten Vorgehensweisen.

■ Beispiel 1-9: Ausdrucken eines Teilbereichs

Der Bereich A1 bis E4 der Tabelle Stücklis aus Beispiel 1-6 soll ausgedruckt werden.

<F5> {Zelle A1 anspringen}
Sprung-Zelladresse eingeben: **A1 <Return>**
<Escape> {Aufruf des Arbeitsblattmenüs}
Print {Ausgabe des Arbeitsblattes}
Printer {Aufruf des Untermenüs Printer}
Range {Festlegen des Druckbereichs}
Druckbereich eingeben:**A1. . E4 <Return>**
Go {Arbeitsblatt drucken}
Quit {Verlassen des Druckmenüs}

☞ *Hinweis: Druckbereich durch Cursortasten festlegen*

Durch Eingabe der Startzelle, eines Punktes und Bewegen des Zellzeigers auf die Endzelle kann der Druckbereich ebenfalls festgelegt werden. Falls ein Name für einen Bereich vergeben wurde, kann auch dieser eingegeben werden.

■ Beispiel 1-10: Festlegen des Druckbereichs über Cursortasten

Der Bereich A1 bis E4 der Tabelle aus Beispiel 1-9 ist mit Hilfe der Cursortasten festzulegen.

Druckbereich eingeben: **A1.** {Eingabe eines Punktes}
<↓> {Bewegen des Zellzeigers
<↓> auf die Endzelle}
<↓>
<→>
<→>
<→>
<→> **<Return>**

◆ Aufgabe 1-3: Ausdruck der Tabelle PreisKal

Die Tabelle PreisKal zur Kalkulation eines Verkaufspreises soll geladen und der Bereich A1 bis F14 ausgedruckt werden.

Print-Option File: Ausgabe von Tabellen in eine Druckdatei

Diese Option des Befehls Print ermöglicht die Ausgabe einer Tabelle oder eines Tabellenbereichs in eine Druckdatei im ASCII-Format. Mit Ausnahme von Line,Page und Align stehen die Optionen wie für Printer mit gleicher Wirkung zur Verfügung.

■ Beispiel 1-11: Ausgabe einer Tabelle in eine Druckdatei

Die Tabelle zur Berechnung eines Zugbolzens soll analog zur Druckausgabe im Beispiel 1-8 in eine Druckdatei mit dem Namen ZugBolz.PRN ausgegeben werden.

<Escape> {Aufruf des Arbeitsblattmenüs}
Print {Ausgabe des Arbeitsblattes}
File {Ausgabe in eine Datei}
Name der zu speichernden .PRN Datei eingeben: **ZugBolz**
Range {Festlegen des Bereichs}
Druckbereich eingeben: **A1..C14 <Return>**
Go {Ausgabe in Datei}
Quit {Verlassen des Druckmenüs}

◆ Aufgabe 1-4: Ausgabe der Tabelle PreisKal

Die Ausgabe der Tabelle PreisKal soll entsprechend zur Aufgabe 1-3 in eine ASCII-Datei mit gleichem Namen erfolgen.

1.3 Erstellen und Ändern einer Tabelle

1.3.1 Entwickeln einer Tabelle

Die Entwicklung einer Tabelle - insbesondere für mathematisch-technische Anwendungen - kann analog zur Entwicklung von Programmen in einer höheren Programmiersprache, wie z.B. in Turbo Pascal, durchgeführt werden. Man geht dabei in folgenden Schritten vor:

(1) Problemdefinition,
(2) Problemanalyse,
(3) Programm- bzw. Tabellenentwurf,
(4) Eingabe des Programms bzw. der Tabelle,
(5) Abspeichern des Programms bzw. der Tabelle,
(6) Test des Programms bzw. der Tabelle.

Im weiteren soll diese Vorgehensweise speziell für die Tabellen-Entwicklung näher beschrieben werden.

Das Ziel einer Problemdefinition ist die eindeutige und umfassende Festlegung der Aufgabenstellung. In der Praxis und bei größeren Problemen wird das Ergebnis meist in Form eines Pflichtenheftes dargestellt. Bei den in diesem Buch behandelten Beispielen und Aufgaben kann i.a. auf eine ausführliche Problemdefinition verzichtet werden, da die Formulierung des Beispiels bzw. der Aufgabe ausreichen sollte.

Eine Problemanalyse wird häufig nach dem AEV-Prinzip (Ausgabe - Eingabe - Verarbeitung) in folgenden Schritten durchgeführt:

- Festlegen der Ausgangsgrößen und ihrer Darstellung,
- Festlegen der Eingangsgrößen und eventuellen Vorgaben für Datenkontrollen und
- Zusammenstellen der benötigten Formeln und Algorithmen.

Hierbei kann es - wie bei der Entwicklung von Programmen - von Vorteil sein, ein umfangreiches Problem zunächst in Teilprobleme zu zerlegen und diese anschließend einzeln zu behandeln.

Dieses Vorgehen nach der Top-Down-Methode sollte beim eigentlichen Entwurf der Tabelle entsprechend angewandt werden. Falls es aufgrund der Aufgabenstellung angebracht ist, entwirft man eine Tabelle zunächst in ihren groben Strukturen, die dann blockweise verfeinert werden. Hierbei legt man jeweils u.a. Überschriften, den Zeilen- und Spaltenaufbau und die Darstellungsformen fest. Häufig ist es von Vorteil, die groben Strukturen durch sogenannte Makros zu realisieren.

Die Implementierung einer Tabelle erfolgt durch die Eingabe des vorgesehenen Tabellenaufbaus mit Hilfe von WAF in den Rechner.

Anschließend erfolgt durch die Bearbeitung einer Reihe von Beispielen mit bekannten Ergebnissen der Test der Tabelle. Auftretende Fehler sind durch Ändern der Tabelle zu beseitigen.

Die für die Eingabe und das Ändern einer Tabelle erforderlichen Befehle und Optionen von WAF werden in den folgenden Abschnitten behandelt.

■ Beispiel 1-12: Entwurf einer Tabelle

Mit Hilfe einer Tabelle soll die Berechnung des Volumens und der Masse eines beliebigen Zylinders erfolgen.

Man kann hier sofort mit der Problemanalyse beginnen. Dabei ergeben sich:

- Ausgangsgrößen
  - das Volumen V in mm^3
  - die Masse m in kg
- Eingangsgrößen
  - Radius r in mm
  - Länge l in mm
  - Dichte ρ in kg/dm^3
- Formeln
  - $V = \pi \cdot r^2 \cdot l$ in mm^3
  - $m = \rho \cdot V \cdot 10^{-6}$ in kg

Die Tabelle könnte folgenden Aufbau haben:

	A	B	C	D
1	Zylinderberechnung			
2	==============			
3				
4	Gegebene Werte		Ermittelte Werte	
5	――――――――――		――――――――――	
6	Radius in mm =		Volumen in mm^3 =	
7	Länge in mm =			===========
8	Dichte in kg/dm^3 =		Masse in kg =	
9				===========

◆ Aufgabe 1-5: Entwurf einer Tabelle

Es soll eine Tabelle entworfen werden, mit der die zulässige Druckkraft für den unten skizzierten Stempel berechnet werden kann.

Bild 1-9: Stempel

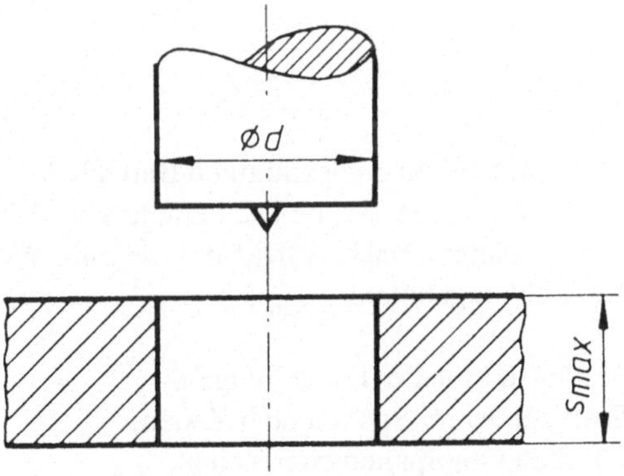

Für die zulässige Druckkraft F_{max} gilt die Formel:

$$F_{max} = \sigma_{d\,zul} \frac{\pi}{4} \frac{d^2}{1000} \text{ in kN}$$

mit $\sigma_{d\,zul}$ = zulässige Druckspannung des Stempelwerkstoffes in N/mm^2 und
d = Durchmesser des Stempels in mm.

1.3.2 Erstellen einer Tabelle

Die Eingabe einer Tabelle sollte stets auf einem vorher erstellten Tabellenentwurf aufbauen und wird meist in mehreren Schritten durchgeführt:

- Festlegen globaler Arbeitsblatt-Einstellungen,
- Eingabe von Texten und Linien,
- Festlegen lokaler Arbeitsblatt-Einstellungen,
- eventuelle Definition spezieller Arbeitsblatt-Bereiche,
- Eingabe von Formeln und
- Abspeichern der Tabelle.

Die Realisierung dieser Punkte erfolgt im wesentlichen mit den WAF-Befehlen Worksheet, Range, Copy, Move und File, dabei kann die oben angegebene Reihenfolge variiert werden.

Befehl Worksheet: Arbeitsblatt-Einstellungen festlegen

Mit diesem Befehl können Einstellungen für das zu bearbeitende Arbeitsblatt getroffen werden. Man unterscheidet dabei zwischen:

- globalen Einstellungen und
- lokalen Einstellungen,

die für das gesamte Arbeitsblatt bzw. nur für einen bestimmten Bereich des Arbeitsblatts gelten. Hiermit erfolgen u.a. Festlegungen für die Darstellung von Zahlen und Texten und für die Breite einzelner Spalten. Nach Aufruf des Befehls Worksheet werden folgende Optionen zur Auswahl angeboten:

- Global — Festlegen globaler Einstellungen,
- Insert — Einfügen leerer Spalten oder Zeilen,
- Delete — Löschen von Spalten oder Zeilen,
- Column-Width — Festlegen von Spaltenbreiten,
- Erase — Löschen des gesamten Arbeitsblattes,
- Titles — Einrichten stationärer Titelbereiche,
- Window — Teilen des Bildschirms in zwei Fenster,
- Status — Anzeigen der globalen Einstellungen,
- Audit — Ein- bzw. Ausschalten des Prüfmodus.

Worksheet-Option Status: Globale Arbeitsblatt-Einstellungen anzeigen

Nach Wahl dieser Option werden die gültigen globalen Festlegungen für das Arbeitsblatt angezeigt

■ Beispiel 1-13: Anzeigen allgemeiner Arbeitsblatt-Einstellungen

Die Anzeige der Arbeitsblatt-Einstellungen in Bild 1-10 ergibt sich aufgrund folgender Eingabe:

<Escape>
Worksheet
Status
<beliebige Taste>

Worksheet-Option Global: Globale Einstellungen festlegen

Mit dieser Option können allgemeine Festlegungen für das Arbeitsblatt getroffen werden. Es bestehen hierfür folgende Möglichkeiten:

– Format	Festlegen eines allgemeinen Formats für die Darstellung von Zahlen,
– Label-Prefix	Ausrichten von Labels in den Zellen,
– Column-Width	Festlegen einer allgemeinen Spaltenbreite,
– Recalculation	Wahl der Art der Neuberechnung,
– Protection	Ein- bzw. Ausschalten eines allgemeinen Zellschutzes und
– Default	Konfiguration von Drucker und Verzeichnis.

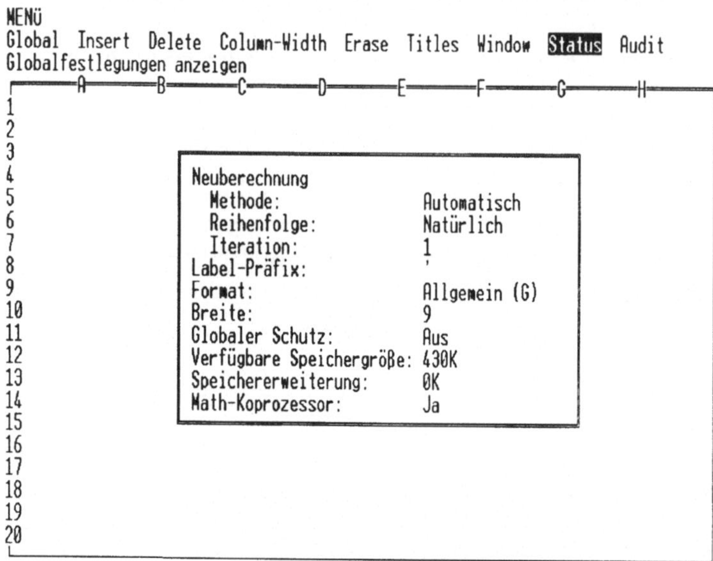

```
MENÜ
Global Insert Delete Column-Width Erase Titles Window Status Audit
Globalfestlegungen anzeigen
```

Neuberechnung	
Methode:	Automatisch
Reihenfolge:	Natürlich
Iteration:	1
Label-Präfix:	'
Format:	Allgemein (G)
Breite:	9
Globaler Schutz:	Aus
Verfügbare Speichergröße:	430K
Speichererweiterung:	0K
Math-Koprozessor:	Ja

Bild 1-10: Anzeige globaler Arbeitsblatt-Einstellungen

Global-Option Format: Darstellung von Zahlen festlegen

Für die Darstellung von Zahlen können mit der Option Format u.a. folgende Darstellungen gewählt werden:

- Fixed — Festkommadarstellung von Zahlen,
- Scientific — Exponentialdarstellung von Zahlen und
- Date — Wahl der Darstellung für ein Datum.

Nach der Wahl einer dieser Optionen werden im Dialog die Parameter für die jeweiligen Darstellungen festgelegt.

Global-Option Label-Prefix: Labels in Zellen ausrichten

Hiermit erfolgt die Festlegung der Ausrichtung von Labels, d.h. von Texten, in den Zellen durch die Wahl einer der drei Möglichkeiten:

- Left — Ausrichtung am linken Zellenrand
- Right — Ausrichtung am rechten Zellenrand
- Center — Zentrierung auf Zellmitte

Entsprechend der getroffenen Wahl wird an den Anfang eines Labels automatisch das entsprechende Label-Präfix ' , " bzw. ^ gesetzt.

☞ *Hinweis: Standard-Labelausrichtung*

Standardmäßig werden Labels linksbündig in einer Zelle erfaßt.

Global-Option Column-Width: Spaltenbreite global festlegen

Nach Wahl dieser Option erfolgt im Dialog:

Spaltenbreite eingeben (1..127): Vorgabe

die Festlegung einer Spaltenbreite zwischen 1 bis 127 Stellen für alle Spalten des Arbeitsblattes.

☞ *Hinweis: Standard-Spaltenbreite*

Standardmäßig wird für ein Arbeitsblatt die Spaltenbreite 9 festgelegt.

Worksheet-Option Column-Width: Breite einer Spalte festlegen

Für die aktuelle Spalte, d.h. für die Spalte, in welcher der Zellzeiger sich befindet, bestehen die beiden Möglichkeiten:

– Set Festsetzen einer neuen Spaltenbreite und
– Reset Festsetzen der Spaltenbreite auf den globalen Tabellenwert.

Bei Wahl von Set erfolgt die Festlegung im Dialog mit:

Spaltenbreite eingeben (1..127): Vorgabe

☞ *Hinweis: Lokale Arbeitsblattfestlegungen*

Bei der mit der Worksheet-Option Column-Width getroffenen Festlegung der Breite einer Spalte handelt es sich um eine lokale Festlegung. Allgemein setzen solche lokalen Vereinbarungen in bestimmten Bereichen der Tabelle die globalen außer Kraft. Sie bleiben unverändert bestehen, falls globale Einstellungen geändert werden.

■ Beispiel 1-14: Tabelle mit unterschiedlich breiten Spalten

Die in der Tabelle TB3-5 von [2] gegebene Zusammenstellung der Betriebsfaktoren c_B von Maschinen und Bauteilen soll in geeigneter Form dargestellt und unter dem Namen CBFaktor als .WKS-Datei abgespeichert werden. Die folgende Tabelle:

```
BEREIT
A1:     'Betriebsfaktor cB

             A                   B                  C          D     E
 1  Betriebsfaktor cB
 2  ================
 3
 4  Art der Maschine bzw.   Kennzeichnung der      Art der     Wert für cB
 5  des Bauteils            Arbeitsweise           Stöße        von   bis
 6
 7  Elektrische Maschinen   gleichförmig umlauf-   leicht       1.0   1.1
 8  Turbinen, Gebläse,      fende Bewegungen
 9  Schleifmaschinen
10
11  Brennkraftmaschinen,    hin- und hergehende    mittel       1.2   1.5
12  Kolbenverdichter,       Bewegungen
13  Hobelmaschinen,
14  Stoßmaschinen
15
16  Pressen, Profilscheren, hin- und hergehende,   stark        1.6   2.0
17  Sägegatter              stoßhafte Bewegungen
18
19  Hämmer, Steinbrecher,   schlagartige           sehr stark   2.0   3.0
20  Walzenständer           Bewegungen
```

Bild 1-11: Betriebsfaktor c_B

ergibt sich aufgrund folgender Eingaben:

New {Programm neu starten mit Initialisieren}
Yes
<Escape> {Festlegen des globalen Zahlenformats mit einer Nachkommastelle}
Worksheet
Global
Format
Fixed
Gewünschte Zahl der Dezimalstellen (0..15) eingeben: **1 <Return>**
<Escape> {Festlegen der globalen Spaltenbreite von 24}
Worksheet
Global
Column-Width
Spaltenbreite eingeben (0..127): **24 <Return>**

<F5> {Festlegen der Breite 12 für die Spalte C}
Sprung-Zelladresse eingeben: **C1 <Return>**
<Escape>
Worksheet
Column-Width
Set
Spaltenbreite eingeben (0..127): **12 <Return>**
:
: {Analoges Festlegen der Breite 6 für Spalte D und E}
:
<Home> {Eingabe der einzelnen Labels und Zahlen}
Betriebsfaktor cB <↓>
============== <↓>
:
:
:
<Escape> {Abspeichern der Tabelle}
File
Save
Name der zu speichernden .WKS Datei eingeben: **CBFaktor <Return>**

◆ Aufgabe 1-6: Tabelle für Werkstoff-Paarungsbeiwert

Für den Werkstoff-Paarungsbeiwert q_3 für Z_A-, Z_N-, Z_K-, und Z_I-Schnecken ist für die Tabelle TB 15-43 aus [2] ein entsprechendes Arbeitsblatt zu erstellen und unter dem Namen WPWertq3 abzuspeichern.

Neben Labels und Zahlen können in den Zellen einer Tabelle Formeln stehen. Diese dienen zur Berechnung von Werten und werden in Abhängigkeit von der festgelegten Art der Neuberechnung automatisch oder manuell aktualisiert.

Eine Formel kann aus Zahlen, Zelladressen und Funktionen bestehen, die durch mathematische Operatoren miteinander verknüpft werden. Hierfür stehen folgende Operatoren zur Verfügung:

- ^ für Potenzierung,
- \+ und - als positives bzw. negatives Vorzeichen,
- * und / für Multiplikation bzw. Division und
- \+ und - für Addition bzw. Subtraktion.

Die obigen Operatoren sind nach fallender Priorität angegeben. Die Abarbeitung einer Formel erfolgt in Abhängigkeit der Priorität der jeweiligen Operatoren. Kommen Operatoren mit gleicher Piorität in einer Formel vor, so werden sie von links nach rechts abgearbeitet.

■ Beispiel 1-15: Eingabe einfacher Formeln

Die zu dem Entwurf aus Beispiel 1-12 gehörende Tabelle zur Berechnung eines Zylinders soll eingegeben und unter Zylinder gespeichert werden. Man kann hier wie folgt vorgehen:

- Festlegen der speziellen Spaltenbreite 20 für die Spalten A und C; ansonsten sollen die Standardvorgaben beibehalten werden,
- Eingabe der Labels in die Zellen A1, A2, A4, A5, A6, A7, A8, C4, C5, C6, C8, D7 und D9,
- Eingabe der Formel für das Volumen und die Masse in die Zellen D6 und D8,
- Abspeichern der Tabelle unter dem Namen Zylinde“ und
- Durchführen von Wellenberechnungen durch die Eingabe spezieller Werte für Radius, Länge und Dichte in die jeweiligen Zellen.

Die Festlegung der speziellen Spaltenbreiten und die Eingabe der Labels erfolgen wie bereits besprochen. Es sollen hier nur die weiteren Schritte näher angegeben werden:

<F5> {Eingabe der Formel für das Volumen}
Sprung-Zelladresse eingeben: **D6 <Return>**
3.1416*B6^2*B7 <Return>
<F5> {Eingabe der Formel für die Masse}
Sprung-Zelladresse eingeben: **D8 <Return>**
+B8*D6*10^(-6) <Return>
<Escape> {Abspeichern der Tabelle}
File
Save
Name der zu speichernden .WKS Datei eingeben: **Zylinder <Return>**
<F5> {Berechnung einer speziellen Welle}
Sprung-Zelladresse eingeben: **B6 <Return>**
0.1 <↓>
1 <↓>
7.85 <↓>

<↑> {Berechnung einer doppelt so langen Welle}
2 <Return>

☞ *Hinweis: Zelladresse am Anfang einer Formel*

Steht eine Zelladresse am Anfang einer Formel, so ist ihr ein Pluszeichen voranzustellen, damit die Formel nicht als Label übernommen wird.

☞ *Hinweis: Neuberechnung einer Tabelle*

Standardmäßig erfolgt nach dem Ändern des Inhalts einer Zelle automatisch die Neuberechnung aller Zellen, die Formeln enthalten. Mit Hilfe der Global-Option Recalculation können hierfür spezielle Vereinbarungen getroffen werden.

Bei der im voraufgegangenen Beispiel erfolgten Angabe der Zelladressen in den Formeln spricht man von einer relativen Zelladressierung. Hierbei wird eine in einer Formel angegebene Zelladresse stets in bezug auf die Adresse der Formelzelle betrachtet. Dies soll an einem kleinen Beispiel veranschaulicht werden:

Zelle E2 mit Formel: +C2*D2

Mit dieser Formel wird die Bildung des Produkts aus den Inhalten der beiden links von E2 stehenden Zellen und die Übernahme des Ergebnisses in Zelle E2 realisiert.

Beim Kopieren der Formel von Zelle E2 in eine andere Zelle erfolgt bei einer relativen Zelladressierung eine automatische Anpassung der Formel an die Adresse der neuen Formelzelle. Es würden sich z.B. folgende neue Formeln ergeben:

- +E2*F2 beim Kopieren nach Zelle G2
- +C4*D4 beim Kopieren nach Zelle E4

Sollen nach dem Kopieren einer Formelzelle in dieser die gleichen Zelladdressen wie vorher stehen, so sind diese durch eine absolute Zelladressierung anzugeben. Hierbei werden die Spalte und Zeile durch vorangestellte Dollarzeichen gekennzeichnet. Bezogen auf das obige Beispiel würde nach dem Kopieren der

Zelle E2 mit der Formel: +$C$2*$D$2

in den Zellen G2 und E4 die Formel: +$C$2*$D$2 stehen.

Neben der relativen und absoluten Zelladressierung sind auch gemischte Zelladressierungen möglich, d.h. die Angabe der Spalte erfolgt relativ und die der Zeile absolut bzw. entsprechend umgekehrt. Analog der oben beschriebenen Vorgehensweise erfolgt das Kopieren einer Formelzelle in bezug auf die jeweils gewählte Zelladressierung. Welche Art der Zelladressierung zu wählen ist, hängt von der jeweiligen Aufgabenstellung ab.

Für die Formulierung von Formeln stehen in WAF eine Reihe von Funktionen zur Verfügung, mit denen Standardberechnungen durchgeführt werden können. Der Aufruf einer Funktion erfolgt mit:

@Funktionsname(Argument), z.B. @LN, @SIN, @COS

und bewirkt die Ermittlung eines Wertes und dessen Übergabe an die jeweilige Zelle bzw. Formel, in der die Funktion vorkommt.

Man unterscheidet hierbei folgende Arten von Funktionen:

- mathematische Funktionen, z.B. EXP, LN, SIN und TAN,
- statistische Funktionen, z.B. MIN, MAX und SUM,
- logische Funktionen, z.B. IF, ISERR und ISNA,
- Finanzfunktionen, z.B. FV und PV,
- Datenbankfunktionen, z.B. DMIN, DMAX und DSUM,
- Kalenderfunktionen, z.B. TODAY und YEAR,
- Sonderfunktionen, z.B. ERR und NA.

Eine vollständige Zusammenstellung aller verfügbaren Funktionen ist im Anhang B angegeben. Hier soll im weiteren die Anwendung solcher Funktionen exemplarisch an Beispielen behandelt werden.

■ Beispiel 1-16: Anwendung der Quadratwurzel-Funktion

Für das Lösen einer quadratischen Gleichung:

$$x^2 + p\,x + q = 0$$

soll eine WAF-Tabelle entwickelt werden.

Allgemein ergeben sich die reellen Lösungen x_1 und x_2 wie folgt:

$$x_{1,2} = -\frac{p}{2} \pm \sqrt{D} \quad \text{mit} \quad D = \frac{p^2}{4} - q,$$

und zwar für nichtnegative Werte der sogenannten Diskriminante D.
Eine mögliche WAF-Tabelle könnte sein:

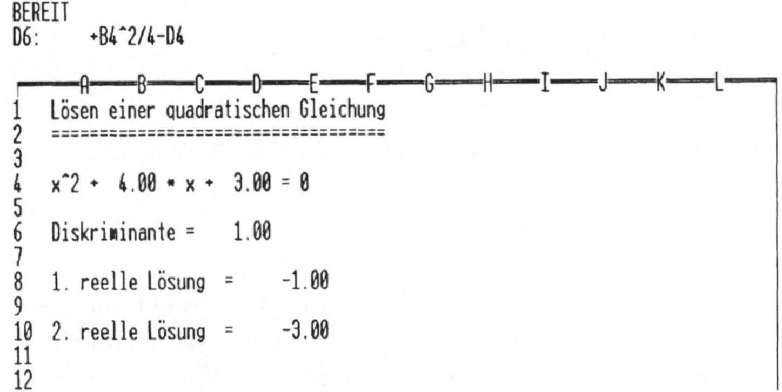

```
BEREIT
D6:      +B4^2/4-D4

   A    B    C    D    E    F    G    H    I    J    K    L
1  Lösen einer quadratischen Gleichung
2  ==================================
3
4  x^2 +  4.00 * x +  3.00 = 0
5
6  Diskriminante =    1.00
7
8  1. reelle Lösung =      -1.00
9
10 2. reelle Lösung =      -3.00
11
12
```

Bild 1-12: Quadratische Gleichung

Die Eingabe der Formeln wird wie folgt durchgeführt:

<F5> {Formel für D in D6 eingeben}
Sprung-Zelladresse eingeben: **D6 <Return>**
+B4^2/4-D4
<→> <↓> <↓> {Formel für x_1 in E8 eingeben}
-B4/2+SQRT(D6)
<↓> <↓> {Formel für x_2 in E10 eingeben}
-B4/2+SQRT(D6) <Return>

Für Werte von p und q, die nicht zu reellen Lösungen der quadratischen Gleichung führen, sind in der oben eingegebenen Tabelle keine speziellen Absicherungen getroffen. Diese Werte führen zu einem negativen Wert für die Diskriminante D, d.h., die Quadratwurzel von D kann nicht gebildet werden. In einem solchen Fall wird diesem Wurzelwert die Fehlergröße ERROR zugewiesen. Man vergleiche dazu Bild 1-13.

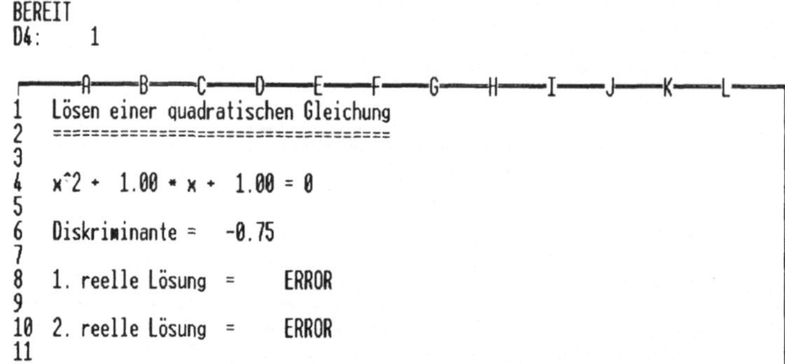

Bild 1-13: Quadratische Gleichung mit Fehlerhinweis

☞ *Hinweis: Nicht ausführbare Formeln*

Obwohl eine Formel formal richtig formuliert ist, kann es aufgrund der zu verarbeitenden Werte zu Fehlern kommen, wie z.B. zu einer Division durch Null oder zum Ziehen der Quadratwurzel aus einer negativen Zahl. Ein solcher Fehler wird vom System WAF durch die Anzeige von ERROR sichtbar gemacht. Dies gilt für alle sich daraus ergebenden Folgefehler.

■ Beispiel 1-17: Arbeiten mit Winkelfunktionen

Für die Aufgabe 511 aus [6] ergibt sich für die maximale Beschleunigung a beim Anfahren mit einem Motorrad an einem Steilhang die Beziehung:

$$a = g\left(\frac{l}{h}\cos\alpha - \sin\alpha\right) \text{ in m/s}^2$$

Dabei ist:

h = Höhe in m des gemeinsamen Schwerpunktes von Fahrer und Maschine über der Fahrbahn,
l = Abstand in m des Schwerpunktes von der Achse des Motorrads,
a = Steigungswinkel in Grad, und
g = Erdbeschleunigung in m/s^2.

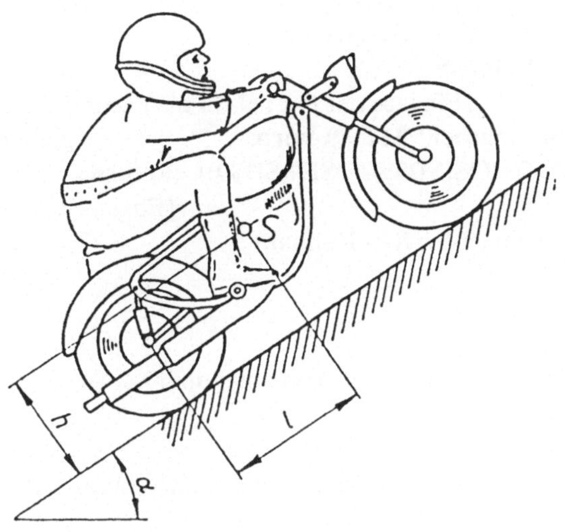

Bild 1-14: Motorrad

Die Berechnung kann mit folgender Tabelle durchgeführt werden:

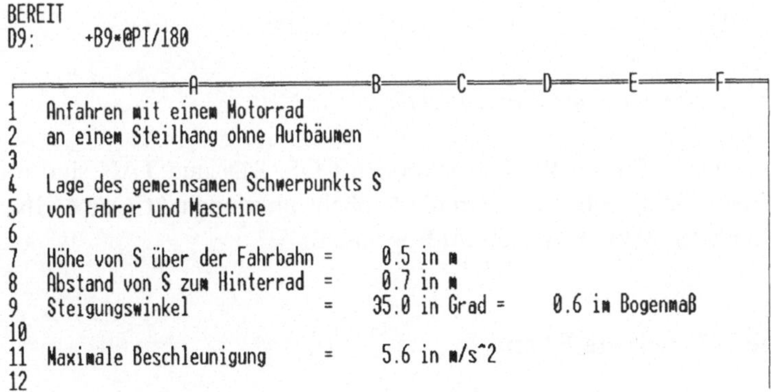

```
BEREIT
D9:     +B9*@PI/180

   A                                B        C         D          E    F
1  Anfahren mit einem Motorrad
2  an einem Steilhang ohne Aufbäumen
3
4  Lage des gemeinsamen Schwerpunkts S
5  von Fahrer und Maschine
6
7  Höhe von S über der Fahrbahn =    0.5 in m
8  Abstand von S zum Hinterrad  =    0.7 in m
9  Steigungswinkel              =   35.0 in Grad =    0.6 im Bogenmaß
10
11 Maximale Beschleunigung      =    5.6 in m/s^2
12
```

Bild 1-15: Anfahren mit einem Motorrad

Nach dem Festlegen globaler und lokaler Arbeitsblatt-Einstellungen und der Eingabe der Labels kann die Eingabe der Formeln für den Winkel im Bogenmaß und die maximale Beschleunigung in der Zelle D9 bzw. B11 wie folgt vorgenommen werden:

<F5> {Eingabe der Formel für das Bogenmaß in D9}
Sprung-Zelladresse eingeben: **D9 <Return>**
+$B$9*@PI/180 <Return>
<F5> {Eingabe der Formel für die maximale Beschleu-
Sprung-Zelladresse eingeben: **B11 <Return>** nigung in B11}
9.81*($B$8/$B$7*@COS($D$9)-@SIN($D$9)) <Return>
<F5> {Eingabe von Werten}
Sprung-Zelladresse eingeben: **B7 <Return>**
0.5 <↓>
0.7 <↓>
35 <↓>
<Escape> {Abspeichern unter dem Namen „Motorrad"}
File
Save
Name der zu speichernden .WKS-Datei eingeben: **Motorrad <Return>**

Bei diesem Beispiel erfolgte die Darstellung der Formeln mit einer absoluten Zelladressierung, und es wurden folgende Funktionen benutzt:

- SIN für Sinusfunktion,
- COS für Cosinusfunktion und
- PI für die Kreiszahl π.

☞ *Hinweis: Argument einer Winkelfunktion*

Die Argumente für die Winkelfunktionen COS, SIN und TAN sind im Bogenmaß einzugeben. Entsprechend liefern die Umkehrfunktionen ACOS, ASIN, ATAN und ATAN2 als Ergebnisse Winkel im Bogenmaß.

◆ Aufgabe 1-7: Schiefe Ebene

Mit Hilfe einer Seilwinde soll ein Bauteil mit einer Gewichtskraft G=6.5 kN auf einer unter einem Winkel α=19° zur Waagerechten geneigten Ebene heraufgezogen werden. Die Reibzahlen betragen μ_0=0.2 und μ=0.1. Zu ermitteln sind die erforderlichen Zugkräfte:

- F_A in kN für das Anziehen aus der Ruhe,
- F_G in kN für das Hinaufgleiten und
- F_H in kN für das Anhalten beim Abwärtsgleiten.

Unter der Annahme, daß das Seil beim Ziehen parallel zur Gleitebene ist, gelten hierfür folgende Beziehungen:

- $F_A = G\,(\sin\alpha + \mu_0 \cdot \cos\alpha)$,
- $F_G = G\,(\sin\alpha + \mu \cdot \cos\alpha)$ bzw.
- $F_H = G\,(\sin\alpha - \mu \cdot \cos\alpha)$.

Man erstelle ein geeignetes Arbeitsblatt und speichere es unter dem Namen SeilZug.

Summenfunktion SUM: Bilden einer Summe

Die Summenfunktion SUM gehört zu den sogenannten statistischen Funktionen und bewirkt die Bildung einer Summe beliebiger Größen. Sie wird allgemein aufgerufen mit:

@SUM(Liste von Zahlen, Zelladressen und Bereichen)

Die in der Liste angegebenen Zahlen, Zelladressen und Bereiche sind durch Komma voneinander zu trennen.

Beispielsweise bewirkt der Aufruf:

@SUM(100,A2,B3,C2..C4)

die Bildung der Summe:

100+Summe der Werte aus A2, B3, C2, C3 und C4.

■ Beispiel 1-18: Ermitteln von Summen

Eine Paßschraube setzt sich aus mehreren Einzelelementen mit unterschiedlichen Durchmessern und Längen zusammen. Beispielsweise kann eine solche Paßschraube wie folgt aussehen:

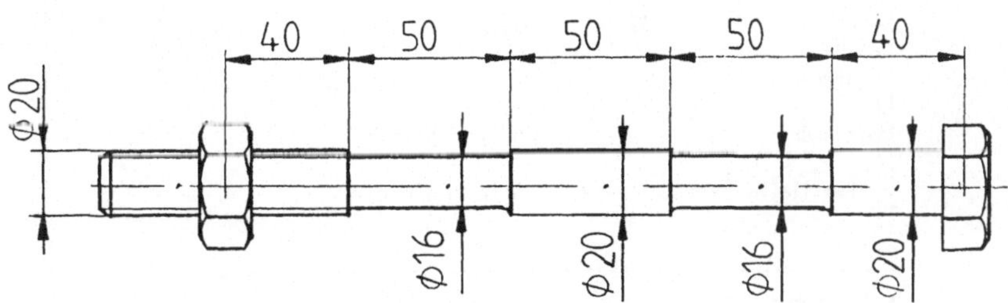

Die Federsteifigkeit C_S in N/mm dieser Schraube kann berechnet werden nach der Beziehung:

$$C_S = \frac{E_S}{S}$$

mit

$$S = \sum_{i=1}^{n} \frac{l_i}{A_i}$$

und

$$A_i = \frac{\pi \, d_i^2}{4}.$$

Dabei gilt:

E_S = E-Modul in N/mm^2,
d_i = Durchmesser in mm des i-ten Elements,
l_i = Länge in mm des i-ten Elements und
A_i = Spannungsquerschnitt in mm^2 des i-ten Elements.

Die Berechnung von c_s für die vorgegebene Paßschraube oder von Paßschrauben mit der gleichen Anzahl von Einzelelementen kann mit der Tabelle von Bild 1-16 durchgeführt werden.

```
BEREIT
C20:

      A          B           C             D           E
1  Federsteifigkeit einer Paßschraube
2  =================================
3
4  Durchmesser   Länge    Spannungs-   Zwischenwert
5     in mm      in mm   querschnitt Länge/Querschnitt
6                          in mm^2        in 1/mm
7
8         20.0      40.0      314.2              7.9
9         16.0      50.0      201.1              4.0
10        20.0      50.0      314.2              6.3
11        16.0      50.0      201.1              4.0
12        20.0      40.0      314.2              7.9
13
14 Insgesamt                                    30.0
15
16 E-Modul               =     210000 in N/mm^2
17
18 Ermittelte Federsteife = 6992.16277 in N/mm
19
20
```

Bild 1-16: Paßschraube

Die Eingabe der Formeln für die Berechnung der Spannungsquerschnitte, der Zwischenwerte, der Summe dieser Zwischenwerte und der Federsteife erfolgt hier - mit den bisher behandelten Vorgehensweisen noch relativ umständlich - in der Form:

<F5> {Eingabe der Formeln für Querschnitte in C8 bis C12}
Sprung-Zelladresse eingeben: **C8 <Return>**
@PI*A8^2/4 <↓>
@PI*A9^2/4 <↓>
@PI*A10^2/4 <↓>
@PI*A11^2/4 <↓>
@PI*A12^2/4 <Return>
<F5> {Eingabe der Formeln für Querschnitte in D8 bis D12}
Sprung-Zelladresse eingeben: **D8 <Return>**
+C8/B8 <↓>
+C9/B9 <↓>
+C10/B10 <↓>
+C11/B11 <↓>
+C12/B12<Return>
<F5> {Eingabe der Summenformel in D14}
Sprung-Zelladresse eingeben: **D14 <Return>**
@SUM(D8..D12) <Return>
<F5> {Eingabe der Formel für c_S in C18}
Sprung-Zelladresse eingeben: **C18 <Return>**
+C16/D14 <Return>

☞ *Hinweis: Vorteile einer relativen Zelladressierung*

Die beim obigen Beispiel festgelegten Formeln mit relativen Adressen ermöglichen es, daß die erstellte Tabelle auch auf Paßschrauben mit einer beliebigen Anzahl von Einzelelementen angewandt werden kann. Man hat nur im Bereich der Zeilen 8 bis 12 Zeilen zu löschen oder weitere Zeilen einzuschieben.

Die im Hinweis angesprochene Möglichkeit der Änderung einer Tabelle wird im nächsten Abschnitt ausführlicher behandelt.

☞ *Hinweis: Summenbereich mit Cursortasten festlegen*

Das Festlegen eines Bereichs für eine Summenbildung kann auch durch Markieren der jeweiligen Zellen mit Hilfe der Cursortasten ausgeführt werden. Man geht dabei wie folgt vor:

- Aktivieren der Zelle, in der die Summe ermittelt werden soll,
- Eingabe von @SUM(,
- Bewegen des Cursors in die zum ersten Summanden gehörenden Zelle,
- Eingabe eines Punktes . ,
- Bewegen des Cursors in die zum letzten Summanden gehörenden Zelle,
- Eingabe von) und
- Drücken der Return-Taste.

Eine Vereinfachung beim Erstellen einer Tabelle ergibt sich durch das Anwenden des Befehls Copy. Man kann beispielsweise durch das Kopieren einer Formel in andere Zellen die mehrfache Eingabe dieser Formel - wie im Beispiel 1-18 erfolgt - vermeiden.

Befehl Copy: Kopieren von Zellen

Mit dem Befehl Copy können beliebige Zellinhalte, d.h. Labels, Zahlen und Formeln kopiert werden. Nach Aufruf des Befehls Copy hat man auf die Meldung:

Kopieren - QUELLbereich eingeben: Vorgabe

die zu kopierende Zelle oder den zu kopierenden rechteckigen Bereich von Zellen festzulegen und durch Drücken der Return-Taste zu bestätigen. Anschließend erfolgt auf die Meldung:

Kopieren - ZIELbereich eingeben: Vorgabe

analog die Festlegung, wohin kopiert werden soll. Die dort befindlichen Zellinhalte werden beim Kopieren überschrieben. Beim Kopieren werden nicht nur die Inhalte der Zellen sondern auch die für diese Zellen geltenden lokalen Festlegungen in die Zielzellen übertragen.

☞ *Hinweis: Kopieren von Formeln*

Beim Kopieren von Zellen, die Formeln enthalten, hängt das Ergebnis von der Art der Zelladressierung ab. Man beachte hierzu die Ausführungen zur Eingabe von Formeln.

■ Beispiel 1-19: Kopieren von Formeln

Die Eingabe der Formeln für die Tabelle aus Beispiel 1-18 zur Berechnung der Federsteifigkeit einer Paßschraube soll unter Anwendung des Befehls Copy vereinfacht ausgeführt werden.

<F5> {Eingabe der Formeln in C8 und D8}
Sprung-Zelladresse eingeben: **C8 <Return>**
@PI*A8^2/4 <→>
+C8/B8 <Return>
<Escape> {Kopieren dieser Formeln in die nächsten vier Zeilen}
Copy
Kopieren - QUELLbereich eingeben: **C8..D8 <Return>**
Kopieren - ZIELbereich eingeben: **C9..D12 <Return>**
<F5> {Eingabe der Summenformel in D14}
Sprung-Zelladresse eingeben: **D14 <Return>**
@SUM(D8..D12)<Return>
<F5> {Eingabe der Formel für c_S in C18}
Sprung-Zelladresse eingeben: **C18 <Return>**
+C16/D14 <Return>

◆ Aufgabe 1-8: Schwerpunkt einer zusammengesetzten Fläche

Eine aus zwei Rechtecken zusammengesetzte Fläche ist wie folgt gegeben:

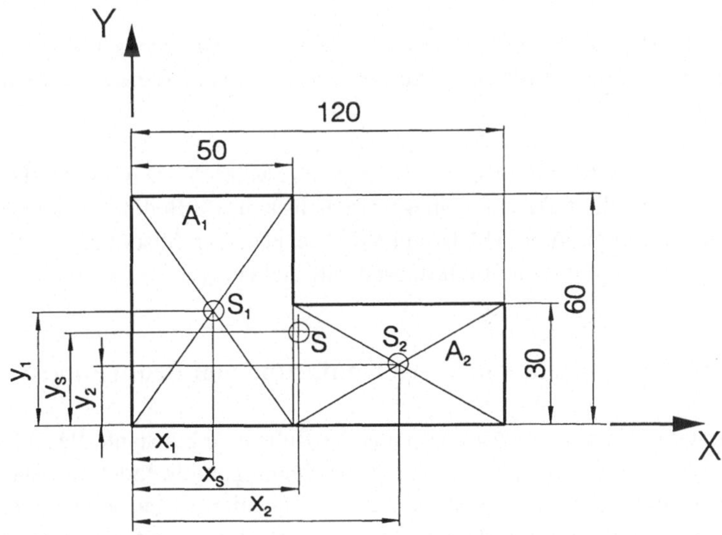

Unter Anwendung des Momentensatzes für Flächen lassen sich zur Ermittlung der Koordinaten x_S und y_S der Gesamtfläche folgende Beziehungen herleiten:

$$x_S = \frac{A_1 x_1 + A_2 x_2}{A_1 + A_2} \quad \text{und} \quad y_S = \frac{A_1 y_1 + A_2 y_2}{A_1 + A_2},$$

dabei sind A_1 und A_2 die Flächeninhalte und $S_1(x_1,y_1)$ bzw. $S_2(x_2,y_2)$ die Schwerpunkte der Teilflächen mit ihren auf den Momentenbezugspunkt 0 bezogenen Koordinaten. Es ist eine geeignete WAF-Tabelle zu entwickeln und unter dem Namen FlSchPkt abzuspeichern.

Vielfach sind bei Berechnungen bestimmte Vorgaben zu beachten, welche Formeln zur Durchführung herangezogen werden können. Beispielsweise hat man bei Knickungsaufgaben zunächst den vorhandenen Schlankheitsgrad λ mit dem Grenzschlankheitsgrad λ_0 zu vergleichen und dann zu entscheiden, ob die Rechnung nach dem Euler-Fall für elastische Knickung oder nach den Tetmajer-Formeln für unelastische Knickung erfolgen soll. Die Zuweisung von Zellinhalten in Abhängigkeit von einer Bedingung kann mit Hilfe der logischen Funktion IF realisiert werden.

Logische Funktion IF: Wahlweise Zuweisung von Zellinhalten

Der Aufruf dieser Funktion erfolgt mit:

@IF(Bedingung,Ausdruck1, Ausdruck2)

und bewirkt, daß der jeweiligen Zelle der Wert des Ausdrucks 1 zugewiesen wird, wenn die Bedingung erfüllt, d.h. wahr, ist. Sonst wird der Wert vom Ausdruck 2 der Zelle zu gewiesen.

Eine Bedingung wird in der Regel als Vergleich zweier Werte mit Hilfe der logischen Operatoren formuliert. Anstelle eines Vergleichs kann als Bedingung auch der Aufruf der logischen Funktionen ISERR und ISNA stehen. Für Ausdruck1 und Ausdruck2 können Werte, Formeln und Funktionsaufrufe stehen.

■ Beispiel 1-20: Ermitteln von Werten aufgrund von Bedingungen

Ein Fahrzeug erfährt beim Anfahren aus der Ruhe eine konstante Beschleunigung a in m/s^2. Nach einer Zeit t_a in s wird die Beschleunigung beendet, und das Fahrzeug fährt mit der erreichten Geschwindigkeit konstant weiter. Offensichtlich gelten für die Bewegung des Fahrzeugs in Abhängigkeit von der Zeit t in s folgende Beziehungen:

(1) Anfahren: $0 \leq t \leq t_a$

$$\ddot{s}(t) = a\ ,\ \dot{s}(t) = a\,t\ ,\ s(t) = \frac{a}{2}\,t^2$$

(2) Konstante Fahrt: $t > t_a$

$$\ddot{s}(t) = 0\ ,\ \dot{s}(t) = v_0\ ,\ s(t) = s_0 + v_0\,(t - t_a)$$

$$\text{mit}\ \ v_0 = a\,t_a\ \ \text{und}\ \ s_0 = \frac{a}{2}\,t_a^2$$

Die Berechnung der Werte für den zurückgelegten Weg, die Geschwindigkeit und die Beschleunigung zu einem beliebigen Zeitpunkt t hängt vom Wert für t ab und ist in der folgenden Tabelle Fahren1 entsprechend zu berücksichtigen.

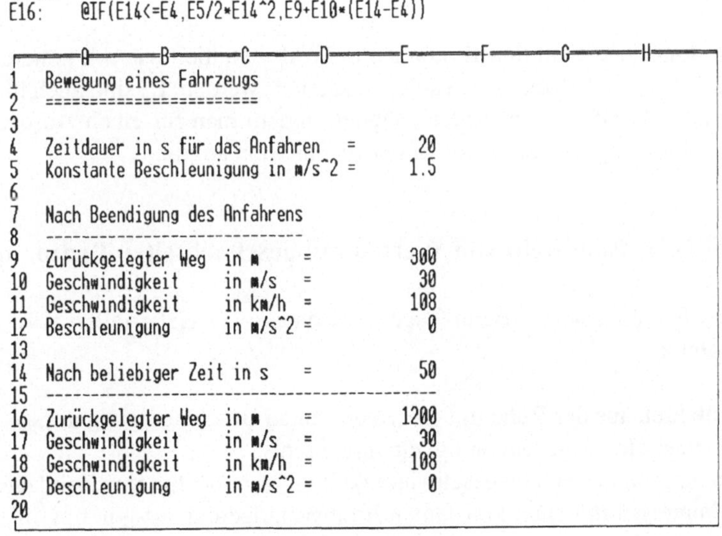

```
BEREIT
E16:    @IF(E14<=E4,E5/2*E14^2,E9+E10*(E14-E4))

   A     B     C     D     E     F     G     H
1  Bewegung eines Fahrzeugs
2  =======================
3
4  Zeitdauer in s für das Anfahren   =      20
5  Konstante Beschleunigung in m/s^2 =     1.5
6
7  Nach Beendigung des Anfahrens
8  -----------------------------
9  Zurückgelegter Weg  in m    =          300
10 Geschwindigkeit     in m/s  =           30
11 Geschwindigkeit     in km/h =          108
12 Beschleunigung      in m/s^2 =           0
13
14 Nach beliebiger Zeit in s   =           50
15 -------------------------------------------
16 Zurückgelegter Weg  in m    =         1200
17 Geschwindigkeit     in m/s  =           30
18 Geschwindigkeit     in km/h =          108
19 Beschleunigung      in m/s^2 =           0
20
```

Bild 1-17: Bewegung eines Fahrzeuges

Die Eingabe der Berechnungsformeln, die vom jeweiligem Wert für die Zeit abhängen, erfolgt mit:

<F5> {Eingabe der Formel für s in E16}
Sprung-Zelladresse eingeben: **E16 <Return>**
@IF(E14<=E4,E5/2*E14^2,E9+E10*(E14-E4))

<↓> {Eingabe der Formel für $\dot{s}$ in E17}
@IF(E14<=E4,E5*E14,E10)

<↓> <↓> {Eingabe der Formel für $\ddot{s}$ in E19}
@IF(E14<=E4,E5,0)

◆ Aufgabe 1-9: Erhöhen einer Geschwindigkeit

Ein Fahrzeug fährt mit einer konstanten Geschwindigkeit v_0 in km/h. Die Geschwindigkeit soll durch eine konstante Beschleunigung a in m/s^2 auf eine Geschwindigkeit v_1 in km/h erhöht werden. Man entwickle analog zum voraufgegangenen Beispiel eine Tabelle und speichere sie unter dem Namen Fahren2 ab.

☞ *Hinweis: Zweifache Auswahlen*

Mit der logischen Funktion IF können in WAF - ähnlich wie mit höheren Programmiersprachen - zweifache Auswahlen ausgeführt werden. Es sind auch ineinandergeschachtelte Zweifach-Auswahlen möglich, indem man für einen Ausdruck in einer IF-Funktion einen weiteren Aufruf der IF-Funktion angibt.

■ Beispiel 1-21: Ermitteln von Werten mit geschachtelten Bedingungen

Für das Fahren eines U-Bahn-Zuges zwischen zwei Haltestellen wird vereinfacht angenommen:

(1) Anfahren aus der Ruhe mit einer konstanten Beschleunigung a_{Anfahr} in m/s^2 bis zu einer Höchstgeschwindigkeit v_{max} in m/s,
(2) Fahren mit der Höchtsgeschwindigkeit v_{max} in m/s für eine Zeitdauer t_{konst} in s,
(3) Abbremsen mit einer konstanten Bremsverzögerung a_{Halt} in m/s^2 bis zum Halt.

Für die Bewegung des Zuges gilt das folgende v-t-Diagramm:

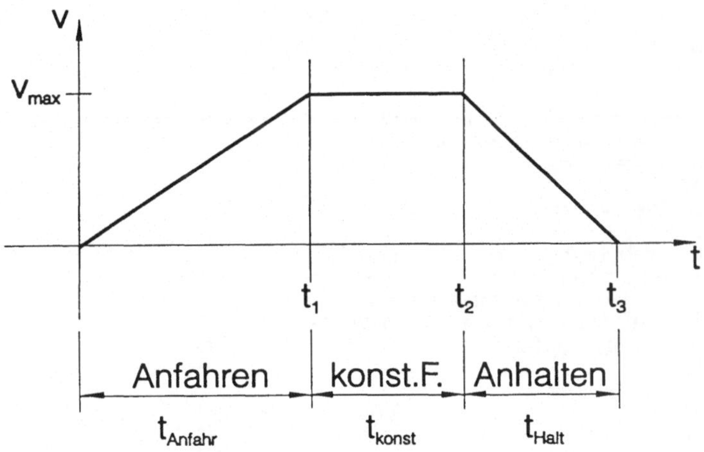

und für die einzelnen Bereiche:

(1) Anfahren für $0 \le t \le t_1$

$$\ddot{s}(t) = a_{Anfahr}\,,\ \dot{s}(t) = a_{Anfahr} \cdot t\,,\ s(t) = \frac{a_{Anfahr}}{2}\,t^2$$

(2) Konstante Fahrt für $t_1 \le t \le t_2$

$$\ddot{s}(t) = 0\,,\ \dot{s}(t) = v_{max}\,,\ s(t) = s(t_1) + v_{max} \cdot (t - t_1)$$

(3) Anhalten für $t_2 \le t \le t_3$

$$\ddot{s}(t) = -\,a_{Halt}\,,\ \dot{s}(t) = v_{max} - a_{Halt} \cdot (t - t_2) \text{ und}$$

$$s(t) = s(t_2) + v_{max} \cdot (t - t_2) - \frac{a_{Halt}}{2} \cdot (t - t_2)^2$$

In Bild 1-18 ist die Umsetzung dieser Beziehungen in eine Tabelle Fahren3 mit entsprechend verschachtelten Aufrufen der IF-Funktion erfolgt. Bei Eingabe einer Zeit, die außerhalb des ermittelten Zeitbereichs liegt, werden die Werte für den Weg und die Geschwindigkeit auf Null gesetzt.

```
BEREIT
E19:   @IF(F10<=D14,F6*F10,@IF(F10<=F14,F7,@IF(F10<=H14,F7-F9*(F10-F14),

    ----A-------B-------C-------D-------E-------F-------G-------H----
1   Simulation des Fahrens eines U-Bahn-Zuges
2   ========================================
3
4   Gegebene Werte
5   --------------
6   Anfahr-Beschleunigung          in m/s^2 =          1.5
7   Höchstgeschwindigkeit          in m/s   =           30
8   Zeitdauer für konstante Fahrt  in s     =           60
9   Anhalt-Bremsverzögerung        in m/s^2 =            3
10  Beliebiger Zeitpunkt           in s     =           40
11
12  Ermittelte Werte
13  ----------------           Anfahren          Konstant          Anhalten
14  Zeitpunkt          in s =        20                80                90
15  Zurückgelegter Weg in m =       300              2100              2250
16                                     Beliebiger
17                                     Zeitpunkt
18  Zurückgelegter Weg   in m     =           900
19  Geschwindigkeit      in m/s   =            30
20  Geschwindigkeit      in km/h  =           108
```

Bild 1-18: Fahren eines U-Bahn-Zuges

Die wesentlichen Formeln für dieses Arbeitsblatt stehen in den Zellen E18 und E19 und wurden folgendermaßen eingegeben:

<F5> {Eingabe der Formel für s in E18}
Sprung-Zelladresse eingeben: **E18 <Return>**
@IF(F10<=D14,F6/2*F10^2,
@IF(F10<=F14,D15+F7*(F10-D14),
@IF(F10<=H14,F15+F7*(F10-F14)-F9/2*(F10-F14)^2,
0)))
<↓> {Eingabe der Formel für $\dot{s}$ in E19}
@IF(F10<=D14,F6*F10,
@IF(F10<=F14,F7,
@IF(F10<=H14,F7-F9/2*(F10-F14),
0)))
<Return>

☞ *Hinweis: Eingabe langer Formeln*

Die Darstellung der Eingabe langer Formeln im obigen Beispiel erfolgte in der gewählten Form, um die Strukturen der ineinandergeschachtelten IF-Funktionen deutlicher zu machen. Prinzipiell erfolgt die Eingabe zeilenweise mit Scrollen im Eingabefeld.

◆ Aufgabe 1-10: Simulationsrechnung für U-Bahn

Man entwickle eine Tabelle Fahren4 für die Simulation der Fahrt eines U-Bahn-Zuges zwischen zwei Stationen. Folgende Größen sind vorgegeben:

- Anfahrbeschleunigung a_{Anfahr} in m/s^2,
- Anhalt-Bremsverzögerung a_{Anhalt} in m/s^2,
- zulässige Höchstgeschwindigkeit v_{max} in km/h und
- Abstand d in km der Stationen voneinander.

Das Fahren des Zuges könnte beispielsweise im v-s-Diagramm wie folgt dargestellt werden:

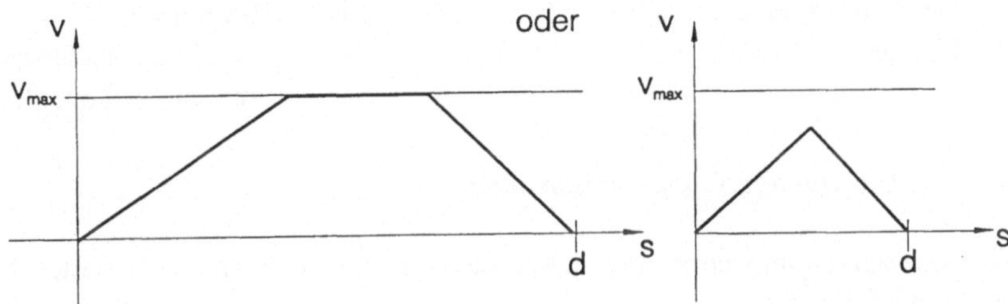

Mit der Option Default der Worksheet-Option Global können grundlegende Einstellungen für das Arbeiten mit WAF geändert werden.

Global-Option Default: Ändern von Systemfestlegungen

Nach Aufruf dieser Option können eine Reihe von Installations- und Konfigurationsparametern geändert werden. Es werden folgende Optionen angeboten:

- Printer — Ändern von Druckparametern,
- Directory — Wechseln des aktuellen Verzeichnisses,
- Status — Anzeigen der aktuellen Konfigurationsvorgaben,
- Beep — Ein- und Ausschalten des akustischen Signals bei Fehlermeldungen,
- UpDate — Übernahme der geänderten Konfigurationsdaten in die Datei WAF.CNF und

– Quit — Rückkehr zum BEREIT-Modus ohne Übernahme geänderter Daten.

■ Beispiel 1-22: Wechseln des aktuellen Verzeichnisses mit Festlegen als neues Startverzeichnis

Unter der Annahme, daß man mit dem bisherigen Startverzeichnis C:\MECHANIK arbeitet, ist in das Verzeichnis C:\ELEKTRO zu wechseln. Dieses Verzeichnis soll im weiteren das Startverzeichnis sein.

<Escape> {Aufruf des Arbeitsblattmenüs}
Worksheet
Global
Default
Directory {Wechseln in das Verzeichnis C:\ELEKTRO}
Neues Startverzeichnis festlegen: **C:\ELEKTRO <Return>**
Update {Abspeichern der Änderung}
Quit {Rückkehr zum Arbeiten mit dem Arbeitsblatt}

☞ *Hinweis: Unzulässige Verzeichnissnamen*

Wird ein Verzeichnisname eingegeben, zu dem kein Verzeichnis existiert, erfolgt eine Fehlermeldung mit:

Verzeichnis unzulässig

Die Verzeichnisnamen sind mit Laufwerk und Pfad einzugeben.

☞ *Hinweis: Festlegen von Verzeichnissen*

Aus Gründen des besseren Arbeitens mit WAF ist es zweckmäßig, Tabellen aus unterschiedlichen Fachgebieten getrennt in entsprechenden Verzeichnissen zu verwalten, beispielsweise Tabellen für Aufgabenstellungen aus der Mechanik im Verzeichnis C:\MECHANIK und für elektrotechnische Aufgabenstellungen im Verzeichnis C:\ELEKTRO.

Eine weitere Möglichkeit, das aktuelle Verzeichnis zu wechseln, ist durch die Option Directory des Befehls File gegeben.

File-Option Directory: Wechseln des aktuellen Verzeichnisses

Nach Wahl dieser Option erfolgt die Anzeige des aktuellen Verzeichnisses mit:

Aktuelles Verzeichnis: Vorgabe

und die Eingabeaufforderung:

Neues Verzeichnis eingeben:

Bei der Eingabe eines Namens erfolgt - soweit ein Verzeichnis dieses Namens existiert - der Wechsel in dieses Verzeichnis, ohne daß es als neues Startverzeichnis festgelegt werden kann.

■ Beispiel 1-23: Wechseln des aktuellen Verzeichnisses ohne Festlegen als neues Startverzeichnis

Analog zum Beispiel 1-22 erfolgt hier der Wechsel vom Verzeichnis C:\Mechanik zum Verzeichnis C:\Elektro:

<Escape>
File
Directory
Neues Verzeichnis eingeben: **C:\ELEKTRO <Return>**

1.3.3 Ändern einer Tabelle

Neben dem bisher besprochenen Ändern einer Tabelle durch Editieren bzw. Überschreiben des Inhalts einer Zelle kann eine bereits existierende Tabelle auf vielfache Art geändert werden. Wesentliche Möglichkeiten für das Ändern einer Tabelle sind:

- Ergänzen durch zusätzliche Zeilen und Spalten,
- Einfügen neuer Zeilen und Spalten,
- Löschen von Zeilen und Spalten,
- Verschieben von Zellen und Zellbereichen,
- Schützen von Zellen und Zellbereichen und
- Vereinbaren von lokalen Festlegungen.

■ Beispiel 1-24: Einfügen neuer Spalten und Zeilen

In die Tabelle StueLis sollen die Spalten Preis und Ges. Preis für den Einzel- bzw. Gesamt-Preis für die einzelnen Positionen der Stückliste eingefügt werden. Zusätzlich ist eine neue Zeile für die Berechnung der gesamten Werkzeugkosten vorzusehen.

<F5> {Eingaben für neue Spalten}
Sprung-Zelladresse eingeben: **F4 <Return>**
"Preis <→> {Eingabe der neuen Spaltenüberschriften}
"Ges. Preis <↓><↓><←>
Eingabe der Preise in F6..F17 und zurück nach G6
+B6*F6 <Return> {Eingabe der Formel für Ges. Preis in G6}
<Escape> {Kopieren der Formel}
Copy
Kopieren - QUELLbereich eingeben: **G6..G6 <Return>**
Kopieren - ZIELbereich eingeben: **G7..G17 <Return>**
<F5> {Zeile 19 eingeben}
Sprung-Zelladresse eingeben: **A19 <Return>**
Werkzeugkosten <→>
<→><→><→><→><→>
@SUM(G6..G17) <Return>

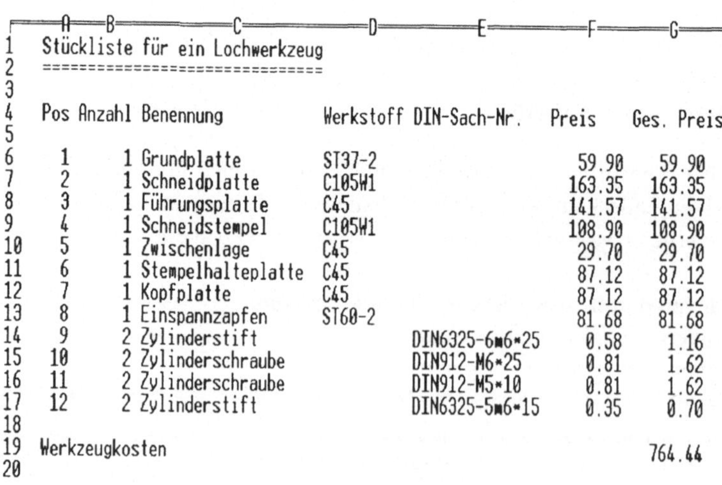

	A	B	C	D	E	F	G
1	Stückliste für ein Lochwerkzeug						
2	==============================						
3							
4	Pos	Anzahl	Benennung	Werkstoff	DIN-Sach-Nr.	Preis	Ges. Preis
5							
6	1	1	Grundplatte	ST37-2		59.90	59.90
7	2	1	Schneidplatte	C105W1		163.35	163.35
8	3	1	Führungsplatte	C45		141.57	141.57
9	4	1	Schneidstempel	C105W1		108.90	108.90
10	5	1	Zwischenlage	C45		29.70	29.70
11	6	1	Stempelhalteplatte	C45		87.12	87.12
12	7	1	Kopfplatte	C45		87.12	87.12
13	8	1	Einspannzapfen	ST60-2		81.68	81.68
14	9	2	Zylinderstift		DIN6325-6m6*25	0.58	1.16
15	10	2	Zylinderschraube		DIN912-M6*25	0.81	1.62
16	11	2	Zylinderschraube		DIN912-M5*10	0.81	1.62
17	12	2	Zylinderstift		DIN6325-5m6*15	0.35	0.70
18							
19	Werkzeugkosten						764.44
20							

Bild 1-19: Stückliste

Neue Zeilen und Spalten können mit der Option Insert in eine Tabelle eingefügt werden.

Worksheet-Option Insert: Einfügen von Zeilen und Spalten

Nach Aufruf der Option Insert werden die beiden Möglichkeiten:

- Column — Spalten einfügen und
- Row — Zeilen einfügen

zur Auswahl angeboten. In Abhängigkeit von der getroffenen Wahl erfolgt die Aufforderung:

- Einfügebereich für Spalten eingeben: Vorgabe bzw.
- Einfügebereich für Zeilen eingeben: Vorgabe.

Hiernach werden für den eingegebenen Bereich Leerspalten bzw. Leerzeilen eingefügt und entsprechend bereits vorhandene Zellen nach rechts bzw. nach unten verschoben und vorhandene Formeln angepaßt.

■ Beispiel 1-25: Einfügen neuer Zeilen

Durch Einfügen zweier neuer Zeilen ist die Tabelle PassSchr auf eine Paßschraube mit sieben anstelle der bisherigen fünf Elemente anzuwenden. Die beiden Zusatzelemente sollen in der Paßschraube nach dem bisherigen dritten Element eingefügt sein. Man hat also in der Tabelle in der Zeile 11 zwei neue Zeilen vorzusehen. Hierbei geht man wie folgt vor:

<F5> {Einfügen zweier neuer Zeilen}
Sprung-Zelladresse eingeben: **A11 <Return>**
<Escape>
Worksheet
Insert
Row
Einfügebereich für Zeilen eingeben: **A11..A12 <Return>**
16 <→>
30 <↓>
20 <←>
20 <Return>
<Escape> {Kopieren der Formeln}
Copy
Kopieren - QUELLbereich eingeben: **C13..D13 <Return>**
Kopieren - ZIELbereich eingeben: **C11..D12 <Return>**

◆ Aufgabe 1-11: Ergänzen der Tabelle StueLis

Die Tabelle für die Stückliste aus Beispiel 1-24 ist durch Einfügen zweier Zeilen für weitere Einzelteile des Lochwerkzeugs zu ergänzen.
Die erweiterte Tabelle ist unter dem gleichen Namen zu speichern.

☞ *Hinweis: Einfügen neuer Spalten*

Das Einfügen neuer Spalten in eine Tabelle erfolgt analog mit der Insert-Option Column

Worksheet-Option Delete: Löschen von Zeilen und Spalten

Analog zum Einfügen von Zeilen und Spalten erfolgt zunächst die Auswahl, ob Zeilen oder Spalten gelöscht werden, mit:

- Column — Spalten löschen und
- Row — Zeilen löschen.

Anschließend ist entsprechend der getroffenen Auswahl aufgrund der Aufforderung:

- Löschbereich für Spalten eingeben: Vorgabe bzw.
- Löschbereich für Zeilen eingeben: Vorgabe

der zu löschende Bereich festzulegen. Nach dem Löschen der ausgewählten Spalten bzw. Zeilen werden die verbleibenden Zellen nach links bzw. oben verschoben und vorhandene Formeln angepaßt.

■ Beispiel 1-26: Löschen von Zeilen

Die im Beispiel 1-25 um zwei Zeilen erweiterte Tabelle PassSchr ist in die Ausgangsform zurückzubringen. Dies erfolgt mit:

<Escape> {Löschen der Zeilen 11 und 12}
Worksheet
Delete
Row
Löschbereich für Zeilen eingeben: **A11..A12 <Return>**

◆ Aufgabe 1-12: Löschen in der Tabelle StueLis

Die in der Aufgabe 1-11 geänderte Tabelle ist durch Löschen der Zeilen für die beiden neuen Einzelteile in die Ausgangsform zu bringen und unter gleichem Namen abzuspeichern.

☞ *Hinweis: Fehlerhinweis auf fehlende Formel-Bezüge*

Werden durch das Löschen von Spalten oder Zeilen Zellen gelöscht, auf die in verbleibenden Formeln Bezug genommen wird, so werden die Zelladressen der gelöschten Zellen durch den Aufruf der Fehlerfunktion ERR ersetzt. Die jeweilige Formel liefert anschließend den Wert ERROR.

Die in den vorangegangenen Beispielen durchgeführten Änderungen lassen sich auch durch die Anwendung des Befehls Move ausführen. Allgemein kann man mit diesem Befehl einzelne Zellen oder Bereiche von Zellen in einer Tabelle verschieben.

Befehl Move: Verschieben von Zellen

Nach dem Aufruf des Befehls Move erfolgt auf die Aufforderung:

Verschieben - QUELLbereich eingeben: Vorgabe

die Eingabe des zu verschiebenden Bereichs und Drücken der Return-Taste und abschließend mit:

Verschieben - ZIELbereich (Zellen) eingeben: Vorgabe

die Festlegung, wohin die Verschiebung erfolgen soll. Nach dem Verschieben ist der Quellbereich leer und die Formeln, die sich auf verschobene Zellen beziehen, sind angepaßt.

■ Beispiel 1-27: Verschieben eines Zellbereichs

Die im Beispiel 1-15 eingegebene Tabelle Zylinder zur Berechnung des Volumens und der Masse eines Zylinders soll in die Form:

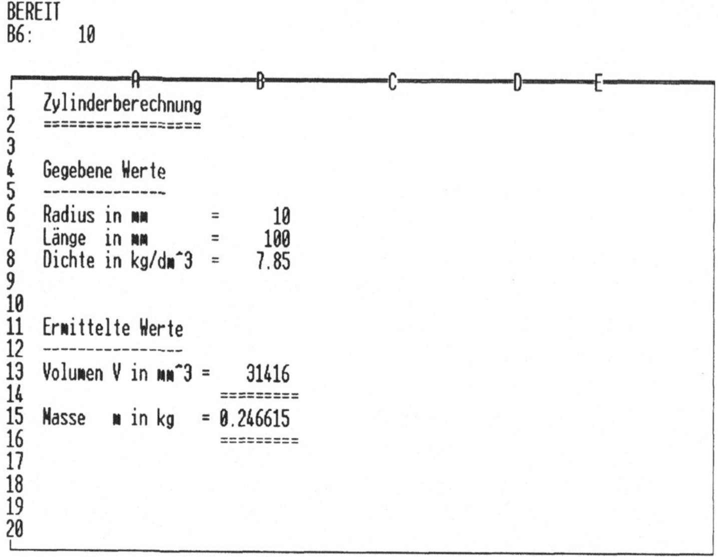

```
BEREIT
B6:    10

      A          B          C          D          E
1  Zylinderberechnung
2  =================
3
4  Gegebene Werte
5  --------------
6  Radius in mm      =     10
7  Länge  in mm      =    100
8  Dichte in kg/dm^3 =   7.85
9
10
11 Ermittelte Werte
12 ----------------
13 Volumen V in mm^3 =   31416
14                     =========
15 Masse   m in kg   = 0.246615
16                     =========
17
18
19
20
```

Bild 1-20: Zylinderberechnung

gebracht werden. Dies läßt sich mit dem Befehl Move sehr einfach durch Verschieben des Bereichs C4..D10 nach A11 erreichen:

<Escape>
Move
Verschieben - QUELLbereich eingeben: **C4..D9 <Return>**
Verschieben - ZIELbereich (Zellen) eingeben: **A11 <Return>**

☞ *Hinweis: Verschieben in Zielbereiche mit Einträgen*

Enthält ein Zielbereich Zellen mit Einträgen, so werden diese mit den Werten aus dem Quellbereich überschrieben. Dies kann zu Fehlern in der Tabelle führen.

◆ Aufgabe 1-13: Anpassen der Tabelle PassSchr

Die in den Beispielen 1-25 und 1-26 mit dem Worksheet-Optionen Insert und Delete durchgeführten Änderungen der Tabelle PassSchr sind mit dem Befehl Move zu realisieren.

Häufig ist es sinnvoll, ein Arbeitsblatt vor unerwünschten Änderungen zu schützen. Dies kann mit der Global-Option Protection des Befehls Worksheet realisiert werden.

Global-Option Protection: Schützen eines Arbeitsblattes

Mit Hilfe dieser Option können wahlweise mit:

- Enable — Einschalten des globalen Zellschutzes und
- Disable — Ausschalten des globalen Zellschutzes

alle Zellen des Arbeitsblattes für Änderungen freigegeben bzw. geschützt werden.

■ Beispiel 1-28: Globaler Schutz einer Tabelle

Für die Tabelle CBFaktor ist ein globaler Zellschutz vorzusehen.

<Escape> {Laden der Tabellle}
File
Retrieve
Name der zu ladenden .WKS-Datei eingeben: **CBFaktor<Return>**
<Escape> {Zellschutz einschalten}
Worksheet
Global
Protection
Enable
<Escape> {Abspeichern der Tabelle}
File
Save
Name der zu speichernden .WKS-Datei eingeben: **CBFakto2 <Return>**
Replace

☞ *Hinweis: Geschützte Zelle*

Wird versucht, den Inhalt einer geschützten Zelle zu verändern, so erscheint die Fehlermeldung:

Aktuelle Zelle ist geschützt.

Dies gilt entsprechend für jede andere Art der Änderung einer Tabelle, wie z.B. beim Einfügen und Löschen von Zeilen oder Spalten.

Das Schützen aller Zellen einer Tabelle sollte erst dann durchgeführt werden, wenn die Tabelle korrekt erstellt ist und nicht mehr geändert werden muß. Da in eine Tabelle für mathematisch-technische Anwendungen meist eine Reihe von Daten einzugeben sind, ist der globale Schutz der gesamten Tabelle hier nicht sehr sinnvoll. Mit dem Befehl Range besteht die Möglichkeit, daß der Schutz für solche Eingabezellen aufgehoben wird.

Prinzipiell können mit dem Befehl Range globale Vereinbarungen aufgehoben und durch spezielle ersetzt werden, so daß eine individuelle Gestaltung einer Tabelle möglich ist.

Befehl Range: Arbeiten mit Bereichen

Dieser Befehl erlaubt das Arbeiten mit Bereichen einer Tabelle. Es bestehen für einen solchen Bereich folgende Möglichkeiten:

- Format — Festlegen eines lokalen Formats,
- Label — Festlegen einer lokalen Label-Ausrichtung,
- Erase — Löschen des Inhalts eines Bereichs,
- Name — Verwalten aller Bereiche einer Tabelle,
- Justify — Ordnen von Texteingaben und langer Labels,
- Protect — Einschalten des globalen Schutzes,
- Unprotect — Ausschalten des globalen Schutzes,
- Input — Einschränken von Eingaben auf ungeschützte Zellen,
- Value — Umwandeln von Formeln in zugehörige Werte und
- Transpose — Kopieren mit Umordnen von Zeilen in Spalten und umgekehrt.

Range-Option Unprotect: Schutz für einen Bereich aufheben

Mit Hilfe dieser Option kann für einen Tabellenbereich der globale Zellschutz aufgehoben werden. Die Festlegung des Bereichs erfolgt mit:

Schutz aufheben - Bereich eingeben: Vorgabe

Anschließend können in die so spezifizierten Zellen neue Werte oder Texte eingegeben werden.

■ Beispiel 1-29: Bereichsschutz für Eingaben aufheben

In der Tabelle Motorrad sollen alle Zellen bis auf die Zellen B7, B8 und B9 geschützt sein. Man kann dies in folgender Weise erreichen:

<Escape> {Globalen Zellschutz einschalten}
Worksheet
Global
Protection
Enable
<Escape> {Aufheben des Zellschutzes für die Zellen B7, B8 und B9}
Range
Unprotect
Schutz aufheben - Bereich eingeben: **B7..B9 <Return>**

Man erhält damit folgendes Arbeitsblatt:

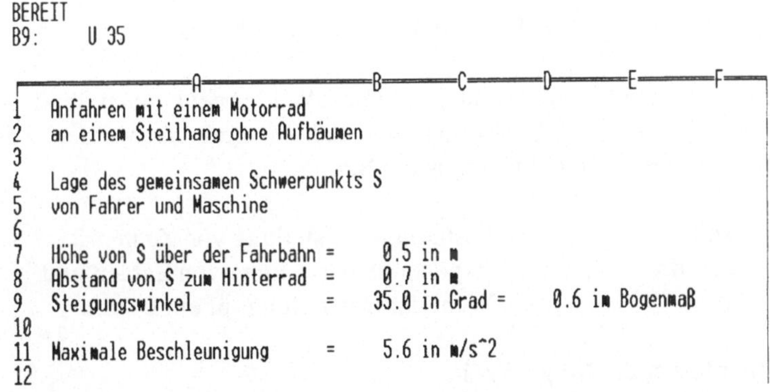

```
BEREIT
B9:     U 35

              A                    B        C        D        E        F
1  Anfahren mit einem Motorrad
2  an einem Steilhang ohne Aufbäumen
3
4  Lage des gemeinsamen Schwerpunkts S
5  von Fahrer und Maschine
6
7  Höhe von S über der Fahrbahn =     0.5 in m
8  Abstand von S zum Hinterrad  =     0.7 in m
9  Steigungswinkel              =    35.0 in Grad =     0.6 im Bogenmaß
10
11 Maximale Beschleunigung      =     5.6 in m/s^2
12
```

Bild 1-21: Tabelle mit ungeschützten Zellen für die Eingabe

In dieser Tabelle sind Eingaben oder Änderungen nur in den Zellen des festgelegten Bereichs B7..B9 möglich. Wird die Tabelle in dieser Form abgespeichert, dann gelten die so getroffenen Vereinbarungen auch für spätere Anwendungen nach dem Laden dieser Tabelle.

☞ *Hinweis: Darstellung ungeschützter Zellen*

Der Inhalt einer ungeschützten Zelle wird in der Informationszeile der Tabelle durch ein vorangestelltes U gekennzeichnet und in der Tabelle selbst auf Farb-Monitoren in grün und auf SW-Monitoren in Fettdruck dargestellt.

◆ Aufgabe 1-14: Zellschutz für Tabelle Fahren1

Für die Tabelle Fahren1 zur Ermittlung von Bewegungsgrößen eines Fahrzeugs ist ein geeigneter Zellschutz zu vereinbaren.

Range-Option Protect: Schutz für einen Bereich aktivieren

Nach Aufruf der Option Protect kann auf die Anforderung:

Zu schützenden Bereich eingeben: Vorgabe

die Festlegung des Bereichs erfolgen, der geschützt werden soll. Dieser Schutz wird nur bei aktiviertem globalen Zellschutz wirksam.

Range-Option Format: Zahlenformate für Bereiche festlegen

Analog zur Global-Option Format des Befehls Worksheet können für einzelne Bereiche spezielle Formate zur Darstellung von Zahlen vereinbart werden. Zusätzlich zu den dort möglichen Darstellungen, wie z.B.:

- Fixed — Festkommadarstellung von Zahlen,
- Scientific — Exponentialdarstellung von Zahlen und
- Date — Wahl der Darstellung für ein Datum

besteht hier ferner die Möglichkeit:

- Reset — Reaktivieren des Globalformats.

■ Beispiel 1-30: Spezielles Zahlenformat vereinbaren

Für die Tabelle Motorrad ist in der Zelle D9 die Darstellung des Steigungswinkels im Bogenmaß mit der global vereinbarten Darstellung als Festkommazahl mit einer Nachkommastelle zu ungenau. Man vereinbare hierfür eine entsprechende Darstellung mit drei Nachkommastellen.

Man erhält die entsprechende Tabelle:

```
BEREIT
D9:     (F3) +B9*@PI/180

   ---------A-----------------B--------C--------D--------E--------F---
1  Anfahren mit einem Motorrad
2  an einem Steilhang ohne Aufbäumen
3
4  Lage des gemeinsamen Schwerpunkts S
5  von Fahrer und Maschine
6
7  Höhe von S über der Fahrbahn =    0.5 in m
8  Abstand von S zum Hinterrad  =    0.7 in m
9  Steigungswinkel              =   35.0 in Grad =   0.611 im Bogenmaß
10
11 Maximale Beschleunigung      =    5.6 in m/s^2
12
```

Bild 1-22: Tabelle mit verschiedenen Zahlenformaten

durch die Eingabe von:

<Escape> {Festlegen des Formats F3 für Zelle D9}
Range
Format
Fixed
Gewünschte Zahl der Dezimalstellen (0..15) eingeben: **3 <Return>**
Zu formatierenden Bereich eingeben: **D9 <Return>**

☞ *Hinweis: Anzeige des Zellformats*

Das für eine Zelle geltende lokale Format wird in Klammern in der Informationszeile angezeigt. Beispielsweise mit (F3) für das lokale Festkommaformat mit drei Nachkommastellen für die Zelle D9 im obigen Beispiel.

◆ Aufgabe 1-15: Unterschiedliche Zahldarstellungen für Tabelle Fahren1

Für die Tabelle Fahren1 sind folgende Formate zu vereinbaren:

- F0 global und
- F1 lokal für Weg und Beschleunigung.

Die neue Tabelle ist unter dem gleichen Namen zu speichern.

☞ *Hinweis: Löschen, Verschieben und Kopieren von Zellen*

Wird der Inhalt der Zellen eines Bereichs mit der Range-Option Erase gelöscht, so bleibt ein eventuell vereinbartes lokales Bereichsformat erhalten. Man kann nur mit der Range-Option Format und der Wahl von Reset zum globalen Format wechseln.

Beim Verschieben von Zellen mit dem Befehl Move wird ein lokales Format ebenfalls verschoben. Die freigewordenen Zellen erhalten automatisch das globale Format.

Beim Kopieren von Zellen mit dem Befehl Copy wird das lokale Bereichsformat mitkopiert, und zwar unabhängig davon, ob in den Zellen Werte stehen oder nicht.

1.3.4 Löschen einer Tabelle

Für das Löschen einer Tabelle bestehen zwei Möglichkeiten:

- durch Löschen des aktuellen Arbeitsblattes oder
- durch Löschen der zugehörigen .WKS-Datei,

und zwar jeweils mit der Option Erase des Befehls Worksheet bzw. File.

Worksheet-Option Erase: Löschen des aktuellen Arbeitsblattes

Das aktuelle Arbeitsblatt kann durch Wahl dieser Option gelöscht werden. Vor dem eigentlichen Löschen erfolgt die Sicherheitsabfrage:

- No — Rücknahme des Löschbefehls und
- Yes — Ausführen des Löschens.

Bei Wahl von Yes wird das aktuelle Arbeitsblatt auf dem Bildschirm und im Arbeitsspeicher gelöscht. Anschließend erscheint ein leeres Arbeitsblatt mit den globalen Standardfestlegungen.
Nach Wahl von No geht das System ohne Löschen in den BEREIT-Modus zurück, und die Bearbeitung des aktuellen Arbeitsblattes kann fortgesetzt werden.

Beispielsweise kann das Löschen des aktuellen Arbeitsblattes wie folgt durchgeführt werden:

<Escape> {Aktuelles Arbeitsblatt löschen}
Worksheet
Erase
Yes

File-Option Erase: Löschen einer Datei

Mit Wahl der Option Erase des Befehls File kann eine beliebige Datei im aktuellen Verzeichnis gelöscht werden. Man hat zunächst den Typ der zu löschenden Datei aus den vier Möglichkeiten:

– Worksheet	Löschen einer Arbeitsblattdatei vom .WKS-Typ,
– Print	Löschen einer Druckdatei vom .PRN-Typ,
– Graph	Löschen einer Grafikdatei vom .PIC-Typ und
– Other-WAF	Löschen einer Textdatei vom .WAF-Typ

zu wählen. Anschließend ist auf die Anforderung:

Name der zu löschenden Datei eingeben:

der jeweilige Dateiname ohne Suffix einzugeben oder aus der gleichzeitig angezeigten Liste von Dateinamen auszuwählen.

Die ausgewählte Datei wird - ohne weitere Abfragen - gelöscht.

■ Beispiel 1-31: Löschen einer Tabelle

Die Tabelle StueLis aus Beispiel 1-6 soll gelöscht werden.

<Escape> {Löschen der Datei StueLis.WKS}
File
Erase
Worksheet
Name der zu löschenden Datei eingeben: **StueLis <Return>**

☞ *Hinweis: Eingabe einer nicht vorhandenen Datei*

Mit der Ausgabe einer Fehlermeldung mit:

Dateiname oder Verzeichnis unzulässig

erfolgt der Hinweis, daß eine Datei mit dem angegebenen Namen im aktuellen Verzeichnis nicht existiert.

2 Tabellenkalkulation für mathematisch-technische Anwendungen

Das voraufgegangene Kapitel stellt eine Einführung in das Arbeiten mit WAF und damit in das Arbeiten mit einer beliebigen LOTUS 1-2-3 kompatiblen Tabellenkalkulation dar, indem hier die wichtigsten Befehle, Optionen und prinzipiellen Vorgehensweisen von WAF erläutert und in Beispielen veranschaulicht wurden. Bei dem Leistungsumfang von WAF ist es nicht möglich, alle Befehle und Optionen in dieser Form zu behandeln. Außerdem soll das vorliegende Buch kein Ersatz für das WAF-Handbuch sein, sondern seine Zielsetzung besteht - wie bereits an anderer Stelle ausgeführt - darin, auf die Möglichkeiten der Anwendung von Tabellenkalkulationen auf mathematisch-technische Aufgabenstellungen hinzuweisen und die Grundlagen hierfür bereitzustellen. Es werden im einzelnen folgende Anwendungen:

- Darstellen von Funktionen,
- Ermitteln von Näherungslösungen,
- Automatisieren von Berechnungen und
- Auswerten von technischen Tabellen

betrachtet und die erforderlichen Befehle und Optionen von WAF - in gleicher Weise wie im Kapitel 1 - behandelt.

2.1 Erstellen von Wertetabellen für Funktionen

Bei einer Vielzahl in der Technik vorkommender Problemstellungen, wie z.B der Schwingung eines Körpers oder der Biegung eines Balkens, lassen sich die Zusammenhänge zwischen den jeweiligen Größen durch Funktionen beschreiben. Die Darstellungen solcher Funktionen sollen in diesem und dem nächsten Kapitel behandelt werden. Es bieten sich hierfür im wesentlichen die folgenden beiden Möglichkeiten:

- Aufstellen einer Wertetabelle und
- Darstellen des zugehörigen Grafen

an. Mit Hilfe einer Tabellenkalkulation läßt sich dies relativ einfach realisieren. Im Gegensatz zu Programmen in einer Hochsprache erhält man hier quasi auf 'Knopfdruck' und ohne Programmieraufwand für eine vorliegende Wertetabelle den Kurvenverlauf einer Funktion.

■ Beispiel 2-1: Erstellen einer Wertetabelle

Für die Sinusfunktion y = f(x) = sin(x) ist für ein beliebiges Intervall $x_u <= x <= x_o$ eine Wertetabelle mit einer festen Anzahl von 51 Stützstellen zu erstellen. Aufgrund dieser Vorgabe ist das durch die Grenzen x_u und x_o festgelegte Intervall in 50 Teilintervalle aufzuspalten. Eine mögliche Tabelle hierfür wäre:

```
      A         B         C         D         E         F         G
1  Wertetabelle der Sinus-Funktion                        x      f(x)
2  ==============================                        0.00   0.0000
3                                                        0.13   0.1296
4  Funktion y = f(x) = sin x                             0.26   0.2571
5                                                        0.39   0.3802
6                                                        0.52   0.4969
7    Untere Grenze =     0.00                            0.65   0.6052
8    Obere Grenze  =     6.28                            0.78   0.7033
9                                                        0.91   0.7895
10                                                       1.04   0.8624
11 Anzahl der Stützstellen =         51                  1.17   0.9208
12 Schrittweite            =       0.13                  1.30   0.9636
13                                                       1.43   0.9901
14                                                       1.56   0.9999
15                                                       1.69   0.9929
16                                                       1.82   0.9691
17                                                       1.95   0.9290
18                                                       2.08   0.8731
19                                                       2.21   0.8026
20                                                       2.34   0.7185
```

Bild 2-1: Wertetabelle für Sinus-Funktion

Nach der Eingabe der Texte, wie z.B. 'Wertetabelle der Sinus-Funktion', in die Zelle A1, erfolgt die Festlegung der eigentlichen Berechnungszellen in folgender Weise:

<F5> {Berechnen der Schrittweite in D12}
Sprung-Zelladresse angeben: **D12 <Return>**
@ROUND((+C8-C7)/(+D11-1),2) <Return>
<F5>
Sprung-Zelladresse angeben: **F2 <Return>**
+C7 <↓> {Festsetzen des Anfangswerts für x}
+F2+$D$12 <Return> {Berechnen des nächsten x_Wertes}
Copy Kopieren der Formel für die übrigen Stützstellen}
Kopieren - QUELLbereich eingeben: **F2..F2 <Return>**
Kopieren - ZIELbereich eingeben: **F3..F52 <Return>**
<F5>
Sprung-Zelladresse angeben: **G2 <Return>**
@SIN(F2) <Return> {Berechnen des Sinuswertes für x}

Copy {Kopieren der Formel für die übrigen Stützstellen}
Kopieren - QUELLbereich eingeben: **G2..G2 <Return>**
Kopieren - ZIELbereich eingeben: **G3..G52 <Return>**

Wegen der besseren Übersichtlichkeit wird anschließend für die Zellen mit x-Werten ein Festkommaformat mit zwei Nachkommastellen festgelegt und ferner für die Zellen mit den zugehörigen Sinuswerten ein Festkommaformat mit vier Nachkommastellen. Außerdem wird bis auf die Zellen C7 und C8 für die Eingabe der unteren und oberen Grenze des Darstellungsbereichs die Tabelle gegen Eingaben und Änderungen geschützt.

☞ *Hinweis: Eingabe von Sonderzeichen*

Durch die Verwendung von Sonderzeichen lassen sich Tabellen übersichtlicher gestalten. Beispielsweise soll in der obigen Tabelle für die Sinus-Funktion durch den Rahmen auf die Eingabe der Grenzwerte besonders hingewiesen werden. Die Eingabe solcher Sonderzeichen in eine Tabelle erfolgt mit der Tastenkombination <Alt + Code>, z.B. mit <Alt + 179> für das Sonderzeichen '│', dabei ist bei gedrückter Alt-Taste die Ziffernfolge für den Code über den sich rechts auf der Tastatur befindenden Ziffernblock einzugeben. Die Zuordnung der Sonderzeichen zum jeweiligen Code kann dem ASCII-Zeichensatz im Anhang A des WAF-Handbuchs entnommen werden.

Entsprechend der im Beispiel 2-1 gewählten Vorgehensweise können für beliebige weitere Funktionen von einer unabhängigen Veränderlichen Wertetabellen erstellt werden. Eine andere Möglichkeit besteht darin, eine vorhandene Tabelle durch Ändern auf eine neue Funktion anzuwenden. Dies soll im folgenden Beispiel veranschaulicht werden.

■ Beispiel 2-2: Erstellen einer Wertetabelle durch Ändern

Unter Verwendung des WAF-Arbeitsblattes aus dem Beispiel 2-1 ist für die Tangens-Funktion $y = f(x) = \tan(x)$ eine Wertetabelle mit der gleichen Anzahl Stützstellen zu erstellen. Die Tangenswerte sind dabei als Festkommazahlen mit zwei Nachkommastellen darzustellen.

Nach dem Laden der Tabelle SinusTab sind in den Zellen A1, A2, A4 und G2..G53 Änderungen erforderlich. Zweckmäßigerweise ist die so erhaltene neue Tabelle unter einem entsprechenden Namen, hier z.B. TanTab, abzuspeichern. Anschließend kann die Tabelle wie vorher benutzt werden, um für bestimmte x-Bereiche eine Wertetabelle zu erstellen. In der folgenden Tabelle beispielsweise für x-Werte in der Nähe der Polstelle $x = \pi/2 = 1.5708$.

```
   ----A-----B-----C-----D-----E-----F-----G---
1  Wertetabelle der Tangens-Funktion       x     f(x)
2  ==============================          1.45     8.2381
3                                          1.46     8.9886
4  Funktion y = f(x) = tan x               1.47     9.8874
5                                          1.48    10.9834
6                                          1.49    12.3499
7   Untere Grenze =    1.45                1.50    14.1014
8   Obere Grenze  =    1.75                1.51    16.4281
9                                          1.52    19.6695
10                                         1.53    24.4984
11 Anzahl der Stützstellen =      51       1.54    32.4611
12 Schrittweite            =    0.01       1.55    48.0785
13                                         1.56    92.6205
14                                         1.57  1255.7656
15                                         1.58  -108.6492
16                                         1.59   -52.0670
17                                         1.60   -34.2325
18                                         1.61   -25.4947
19                                         1.62   -20.3073
20                                         1.63   -16.8711
```

Bild 2-2: Wertetabelle für Tangens-Funktion

Die notwendigen Änderungen des Arbeitsblattes sind folgendermaßen auszuführen:

<Escape> {Ausschalten des globalen Zellschutzes Worksheet}
Global
Protection
Disable
<Home> <F2> {Ändern des Inhalts der Zellen A1, A2 und A4}
'Wertetabelle der Tangens-Funktion <↓> <F2>
'=========================== <↓> <↓> <F2>
Funktion y = f(x) = tan x <Return>
<F5> {Festlegen der neuen Funktionsbeziehung}
Sprung-Zelladresse angeben: **G2 <Return>**
@TAN(F2) <Return> {Berechnen des Tangenswertes für x}
Copy {Kopieren der Formel für die übrigen Stützstellen}
Kopieren - QUELLbereich eingeben: **G2..G2 <Return>**
Kopieren - ZIELbereich eingeben: **G3..G52 <Return>**
<Escape> {Ändern des Formats der Funktionswerte}
Range
Format
Fixed
Gewünschte Zahl der Dezimalstellen (0..15) eingeben: **2 <Return>**
Zu formatierenden Bereich eingen: **G2..G52 <Return>**
<Escape> {Einschalten des globalen Zellschutzes}
Worksheet

Global
Protection
Enable
<Escape> {Abspeichern der Tabelle unter neuem Namen}
File
Save
Name der zu speichernden .WKS-Datei eingeben: **TanTab <Return>**

☞ *Hinweis: Variable Anzahl von Stützstellen*

Durch entsprechende Änderungen in den Zellen D11 und D12 können Wertetabellen mit einer beliebigen Anzahl von Stützstellen erstellt werden. Unter Umständen ist bei sehr kleinen oder sehr großen Schrittweiten die Rundung der Schrittweite auf eine andere Stellenzahl vorzusehen bzw. das Zahlenformat für die x-Werte in geeigneter Weise anzupassen.

◆ Aufgabe 2-1: Wertetabelle für eine Biegelinie

Für die Biegelinie f eines einseitig eingespannten Trägers, der am Ende mit einer Einzellast F belastet ist, gilt folgende Beziehung:

$$f = f(x) = \frac{F\,l^3}{3\,E\,I} \cdot \left[1 - \frac{3}{2}\frac{x}{l} + \frac{1}{2}\left(\frac{x}{l}\right)^3 \right] \text{in mm für } 0 \le x \le l.$$

Dabei sind die Werte für die Größen:

- Balkenlänge l in mm,
- Einzellast F in kN,
- Elastizitätsmodul E in N/mm^2 und
- Flächenmoment 2. Ordnung I in mm^4

vorgegeben. Man sehe für die Wertetabelle 41 Stützstellen vor und speichere das zugehörige Arbeitsblatt unter dem Namen Biege1 ab.

In vielen Fällen interessieren neben den eigentlichen Funktionswerten einer Funktion auch die zugehörigen Werte für ihre Ableitungen, beispielsweise um Hinweise auf eventuelle Extremwerte oder Wendepunkte zu gewinnen. Durch einfache Änderungen und geringfügige Erweiterungen können die in diesem Kapitel entwickelten Arbeitsblätter entsprechend modifiziert werden, so daß hiermit Wertetabellen für f(x), f'(x) und f''(x) erstellt werden können. Am Beispiel eines Polynoms 3. Grades soll die prinzipielle Vorgehensweise veranschaulicht werden.

■ Beispiel 2-3: Wertetabelle einer Funktion mit Ableitungen

Für ein Polynom 3. Grades mit:

$$y = f(x) = x^3 - 4x^2 - 2.25x + 9 \quad \text{für } x_u \le x \le x_o$$

ist ein Arbeitsblatt zur Ausgabe von f(x), f'(x) und f''(x) für 51 Stützstellen zu entwickeln und unter dem Namen Polynom abzuspeichern.

Aufbauend auf der Tabelle TanTab ergibt sich durch geeignetes Anpassen und Erweitern die untenstehende Tabelle Polynom.

	A–D	E	F	G	H
1	Wertetabelle eines Polynoms	x	f(x)	f'(x)	f''(x)
2	==========================	-2.00	-10.5	25.8	-20.0
3		-1.87	-7.3	23.2	-19.2
4	f(x) = x^3 - 4*x^2 - 2.25*x + 9	-1.74	-4.5	20.8	-18.4
5	f'(x) = 3*x^2 - 8*x - 2.25	-1.61	-1.9	18.4	-17.7
6	f''(x) = 6*x - 8	-1.48	0.3	16.2	-16.9
7		-1.35	2.3	14.0	-16.1
8		-1.22	4.0	12.0	-15.3
9	Untere Grenze = -2.00	-1.09	5.4	10.0	-14.5
10	Obere Grenze = 4.50	-0.96	6.6	8.2	-13.8
11		-0.83	7.5	6.5	-13.0
12		-0.70	8.3	4.8	-12.2
13	Anzahl der Stützstellen = 51	-0.57	8.8	3.3	-11.4
14	Schrittweite = 0.13	-0.44	9.1	1.9	-10.6
15		-0.31	9.3	0.5	-9.9
16		-0.18	9.3	-0.7	-9.1
17		-0.05	9.1	-1.8	-8.3
18		0.08	8.8	-2.9	-7.5
19		0.21	8.4	-3.8	-6.7
20		0.34	7.8	-4.6	-6.0

Bild 2-3: Wertetabelle mit Ableitungen

Im einzelnen sind hierfür folgende Schritte durchzuführen:

Laden der Tabelle TanTab
Verschieben des Zellbereichs A6..D12 um zwei Zeilen nach unten
Anpassen der Labels in den Zellen A1, A2 und A4
Eingabe neuer Labels für die Ableitungen in die Zellen A5 und A6
Verschieben des Zellbereichs F1..G53 um eine Spalte nach links
Eingabe neuer Labels für die Ableitungen in die Zellen G1 und H1
+C9 <↓> {Festsetzen des Anfangswerts für x in Zelle E2}
+E2+$D$14 <Return> {Ermitteln des nächsten x-Werts }
Kopieren des Inhalts der Zelle E3 in den Zellbereich E4..E52
<F5>
Sprung-Zelladresse angeben: **F2 <Return>**
+E2^3-4*E2^2-2.25*E2+9 <→> {Formel für f(x) festlegen}
3*E2^2-8*E2-2.25 <→> {Formel für f'(x) festlegen}
6*E2-8 <Return> {Formel für f''(x) festlegen}
Copy {Kopieren der Formeln für die anderen Stützstellen}
Kopieren - QUELLbereich eingeben: **F2..H2**
Kopieren - ZIELbereich eingeben: **F3..H52**
Abspeichern der Tabelle unter dem Namen Polynom

Durch Hinzufügen weiterer Spalten in der Tabelle können für eine Funktion die dritte und höhere Ableitungen ermittelt werden. Ebenso lassen sich Wertetabellen für mehrere Funktionen in einem Arbeitsblatt darstellen. Hierzu soll eine beliebige Schwingung betrachtet werden.

■ Beispiel 2-4: Wertetabelle für mehrere Funktionen

Für die Auslenkung x zur Zeit t bei einer freien gedämpften Schwingung gilt die Beziehung:

$$x = x(t) = A \cdot e^{-\delta t} \cdot \sin(\omega t + \varphi) \quad \text{für} \quad 0 \leq t \leq t_{max}.$$

Die Werte für die Amplitude A, den Dämpfungsfaktor δ, die Kreisfrequenz ω, den Nullphasenwinkel φ und die maximale Zeit t_{max} sind vorgegeben.

Da alle Werte der Sinusfunktion zwischen -1 und +1 liegen, gilt für die Schwingungsfunktion x:

$$h_1(t) \leq x(t) \leq h_2(t) \quad \text{für } 0 \leq t \leq t_{max},$$

dabei gelten für die sogenannten Hüllkurven h_1 und h_2 folgende Beziehungen:

$$h_1 = h_1(t) = A \cdot e^{-\delta t} \quad \text{bzw.} \quad h_2 = h_2(t) = -A \cdot e^{-\delta t}.$$

Man entwickle ein Arbeitsblatt, mit dem eine Wertetabelle für die Funktionen x, h_1 und h_2 erstellt wird, und speichere es unter dem Namen Schwing1 ab.

Ausgehend von der im Beispiel 2-3 entwickelten Tabelle kann auf die gleiche Weise wie dort durch geeignetes Modifizieren eine neue Tabelle entwickelt werden, die der obigen Aufgabenstellung genügt.

	A	B	C	D	E	F	G	H
1	Wertetabelle für Schwingung				t	x(t)	h1(t)	h2(t)
2	==========================				0.00	10.0	10.0	-10.0
3					0.10	8.3	9.5	-9.5
4	x = x(t) = A*e^(-Dt)*sin(F*t+P)				0.20	4.9	9.0	-9.0
5					0.30	0.6	8.6	-8.6
6					0.40	-3.4	8.2	-8.2
7	Amplitude A =		10.00		0.50	-6.2	7.8	-7.8
8	Dämpfung D =		0.50		0.60	-7.3	7.4	-7.4
9	Frequenz F =		5.00		0.70	-6.6	7.0	-7.0
10	Phasenwinkel P =		1.57		0.80	-4.4	6.7	-6.7
11					0.90	-1.3	6.4	-6.4
12					1.00	1.7	6.1	-6.1
13					1.10	4.1	5.8	-5.8
14	t-Anfangswert =		0.00		1.20	5.3	5.5	-5.5
15	t-Endwert =		5.00		1.30	5.1	5.2	-5.2
16					1.40	3.7	5.0	-5.0
17					1.50	1.6	4.7	-4.7
18	Anzahl der Stützstellen =			51	1.60	-0.7	4.5	-4.5
19	Schrittweite =			0.1	1.70	-2.6	4.3	-4.3
20					1.80	-3.7	4.1	-4.1

Bild 2-4: Wertetabelle für mehrere Funktionen

Die wichtigsten Schritte sind hierbei folgende:

Laden der Tabelle Polynom
Verschieben des Zellbereichs A8..D14 um fünf Zeilen nach unten
Anpassen der Labels in den Zellen A1, A2 und A4
Eingabe neuer Labels im Zellbereich A6..D11
Anpassen der Labels im Zellbereich E1..H1
+C14 <↓> {Festsetzen des Anfangswerts für x in Zelle E2}
+E2+$D$19 <Return> {Ermitteln des nächsten x-Werts in Zelle E3}
Kopieren des Inhalts der Zelle E3 in den Zellbereich E4..E52
<F5>

Sprung-Zelladresse angeben: **F2 <Return>** {Formel für x(t) festlegen}
$C$7*@EXP(-$C$8*E2)*@SIN($C$9*E2+$C$10) <→>
$C$7*@EXP(-$C$8*E2) <→> {Formel für $h_1(t)$ festlegen}
-$C$7*@EXP(-$C$8*E2) <Return> {Formel für $h_2(t)$ festlegen}
Kopieren der Formeln aus F2..H2 nach F3..H52 für andere Stützstellen
Abspeichern der Tabelle unter dem Namen Polynom

◆ Aufgabe 2-2: Überlagerung zweier Sinusschwingungen

Eine Schwingung ergibt sich aus der Überlagerung zweier Sinusschwingungen, und zwar gelte:

$$x = x(t) = \sin(t) + \sin(3t) \quad \text{für } 0 \le t \le t_{max} .$$

Man erstelle eine Wertetabelle für x und die Ableitungen $\dot{x}$ und $\ddot{x}$ und speichere diese unter dem Namen Schwing2 ab.

2.2 Grafische Darstellungen von Funktionen

Die im voraufgegangenen Kapitel erstellten Wertetabellen liefern dem Anwender bereits eine Reihe von Informationen über die jeweiligen Funktionen. Beispielsweise kann aufgrund eines Vorzeichenwechsels in der Spalte für die Funktionswerte auf die Existenz einer Nullstelle geschlossen und für diese ein Näherungswert ermittelt werden. Entsprechendes gilt für mögliche Extremwerte und Wendepunkte einer Funktion, wenn in gleicher Weise die Spalten für die erste und zweite Ableitungen untersucht werden. Diese Informationen kann man sehr viel einfacher und häufig umfassender aus der grafischen Darstellung einer zu untersuchenden Funktion erhalten. Mit Hilfe des WAF-Befehls Graph lassen sich für vorgegebene Arbeitsblattdaten verschiedene Grafiken erstellen, z.B. der Graf einer Funktion aufgrund ihrer Wertetabelle als sogenanntes XY-Diagramm bzw. die Häufigkeiten für das Vorkommen bestimmter Größen als Balken- oder Kreisdiagramm.

Das Erstellen einer Grafik wird unter WAF in der Regel in folgenden Schritten durchgeführt:

- Festlegen der Art der grafischen Darstellung,
- Auswahl der darzustellenden Dateibereiche,
- Darstellen der Grafik auf dem Bildschirm,
- Beschriften der Grafik,
- Benennen und Abspeichern der Grafik im Arbeitsblatt,
- Abspeichern des Arbeitsblattes und
- gegebenenfalls Ausdrucken der Grafik.

Im weiteren soll der Befehl Graph und seine wichtigsten Optionen näher behandelt werden.

Befehl Graph: Arbeiten mit einer Grafik

Nach dem Aufruf des Befehls Graph werden dem Anwender die verschiedenen Möglichkeiten für das Erstellen, Ändern und Abspeichern von graphischen Darstellungen zur Auswahl angeboten:

– Type	Auswahl der Art der Grafik,
– X	Festlegen des Datenbereichs für die X-Achse,
– A .. F	Festlegen von maximal sechs weiteren Datenbereichen A, B, C, D, E und F,
– Reset	Löschen der aktuellen Grafikvereinbarungen,
– View	Anzeigen der aktuellen Grafik auf dem Bildschirm,
– Save	Speichern der aktuellen Grafik als Bilddatei,
– Option	Formatieren und Beschriften von Grafiken,
– Name	Abspeichern von Grafikfestlegungen und
– Quit	Beenden des Arbeitens im Grafikmodus und Rückkehr in den Bereitschafts-Modus.

Graph-Option Type: Auswahl der Grafikart treffen

Mit dieser Option wird die Form der grafischen Darstellung bestimmt, und zwar bestehen hierfür folgende Möglichkeiten:

– Line	Liniendiagramm,
– Bar	Balkendiagramm,
– XY	XY-Diagramm,
– Stacked-Bar	Stapelbalkendiagramm und
– Pie	Kreisdiagramm.

☞ *Hinweis: Anwendung von XY-Diagrammen*

XY-Diagramme eignen sich insbesondere zur Darstellung von Funktionen, da hier die für eine Funktion in Form einer Wertetabelle vorliegenden Daten in einem rechtwinkligen X-Y-Koordinatensystem mit numerischen Achsen dargestellt werden.

Graph-Optionen X, A bis F: Darzustellende Datenbereiche festlegen

Mit diesen Optionen werden die in einer Grafik darzustellenden Daten festgelegt. Nach Wahl einer dieser Optionen erfolgt eine entsprechende Aufforderung zum Festlegen eines Datenbereichs für die grafische Darstellung. In Abhängigkeit von der gewählten Art dieser Darstellung enthalten diese Bereiche unterschiedliche Informationen.

Für die einzelnen Grafiktypen gilt:

- XY-Diagramme
  Die Werte für die unabhängige Variable einer Funktion werden dem Datenbereich X zugeordnet, die Werte der abhängigen Variablen den Bereichen A bis F.

- Linien-, Balken- und Stapelbalken-Diagramme
  Der Datenbereich X enthält die Beschriftungen für die X-Achse, die Datenbereiche A bis F die über der X-Achse aufzutragenden Werte.

- Kreisdiagramme
  Die Beschriftungen der Kreissegmente werden dem Bereich X zugewiesen. Es kann hier nur der Datenbereich A benutzt werden, und zwar für die Werte, die aufgrund ihres prozentualen Anteils als Kreissegmente mit entsprechender Größe dargestellt werden.

Graph-Option View: Aktuelle Grafik zeichnen

Nach Wahl dieser Option wird die aktuelle Grafik auf dem Bildschirm dargestellt. Durch Drücken einer beliebigen Taste wird die Grafik gelöscht und das Arbeiten im Graph-Modus fortgesetzt.

☞ *Hinweis: Arbeiten mit zwei Bildschirmen*

Beim Arbeiten mit einem alphanumerischen und einem grafischen Bildschirm wird die Grafik nicht automatisch gelöscht, sondern muß 'per Hand' extra gelöscht werden.

Graph-Option Save: Aktuelle Grafik speichern

Die aktuelle Datei kann mit der Option Save als Bilddatei gespeichert werden. Die Festlegung des Namens der Bilddatei erfolgt im Dialog:

Name der zuspeichernden .PIC Datei eingeben:

Existieren bereits Bilddateien, so wird eine Liste ihrer Namen ausgegeben. Der Anwender kann aus diesen einen Namen zum Überschreiben der zugehörigen Bilddatei auswählen oder einen neuen Namen eingeben. Dieser erhält automatisch das Suffix .PIC. In der Demoversion von WAF steht diese Option nicht zur Verfügung.

☞ *Hinweis: PicPrint-Programm*

Mit Hilfe des sogenannten PicPrint-Programms der WAF-Vollversion können mit Save abgespeicherte Grafiken über einen Grafikdrucker oder einen Plotter ausgedruckt werden. Mit Textverarbeitungsprogrammen, die das Lotus-Pic-Format lesen können, ist das Ausdrucken von Grafiken ebenfalls möglich.

Graph-Option Quit: Grafikmodus verlassen

Mit der Option Quit wird das Arbeiten im Grafikmodus beendet und in den Bereitschaftsmodus zurückgekehrt.

■ Beispiel 2-5: Grafische Darstellung einer Funktion

Es ist der Graf der Sinusfunktion aus Beispiel 2-1 zu zeichnen.

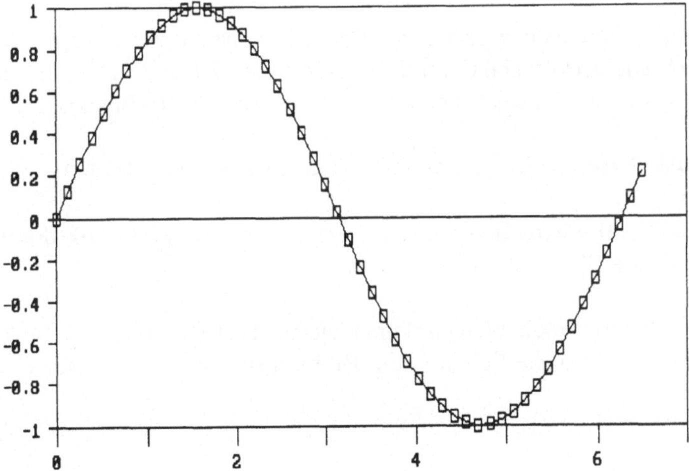

Bild 2-5: Sinuskurve

Anschließend ist das Arbeitsblatt unter dem Namen SinKurv1 zu speichern.

Man ruft zunächst das im Beispiel 2-1 erstellte Arbeitsblatt SinusTab auf und kann dann wie folgt vorgehen:

<Escape>
Graph {Grafik-Modus aktivieren}
Type {XY-Diagramm für Funktionsdarstellung wählen}
XY
X {Datenbereich für X-Achse festlegen}
Datenbereich der X-Achse eingeben: **F2..F52 <Return>**
A {Datenbereich für Y-Achse festlegen}
Ersten Datenbereich eingeben: **G2..G52 <Return>**
View {Grafik auf dem Bildschirm dastellen}
<Beliebige Taste> {Zurück zum Grafik-Menü}
Quit {Verlassen des Grafik-Modus}

Nach dem Verlassen des Grafikmodus mit Quit befindet sich das System im Bereitschaftsmodus. Man kann anschließend das Arbeitsblatt mit seinen Grafikfestlegungen unter dem Namen Sinkurv1 abspeichern.

☞ *Hinweis: Speichern eines Arbeitsblatts mit Grafikfestlegungen*

Nach dem Erstellen einer grafischen Darstellung ist das zugehörige Arbeitsblatt abzuspeichern. Die getroffenen Grafikfestlegungen werden dabei ebenfalls gespeichert und stehen für weitere Anwendungen des Arbeitsblatts zur Verfügung.

Funktionstaste F10: Grafik aus dem Bereitschaftsmodus aufrufen

Aus dem Bereitschaftsmodus kann die zur Zeit aktuelle Grafik durch Drücken der Funktionstaste F10 gezeichnet werden.

Ändert man z.B. im Arbeitsblatt Sinkurv1 die Intervallgrenzen für x, so wird nach dem Drücken der Funktionstaste F10 auf dem Bildschirm sofort die aktualisierte Grafik angezeigt.

◆ Aufgabe 2-3: Zeichnen einer Tangenskurve

Aufbauend auf der Tabelle für die Tangensfunktion aus Aufgabe 2-1 ist deren Verlauf grafisch darzustellen und unter Tankurve abzuspeichern.

Die mit den bisher behandelten Optionen des Befehls Graph erstellten Grafiken sind noch verbesserungsbedürftig. So fehlen beispielsweise Beschriftungen für die Achsen und die Grafik selbst. Die Graph-Option 'Option' liefert hier eine Reihe von Möglichkeiten, eine Grafik komfortabler und übersichtlicher zu gestalten. Wegen der etwas ungünstigen Namenswahl 'Option' der Graph-Option wird dieser Name zur besseren Unterscheidung im weiteren in Hochkomma gesetzt.

Graph-Option 'Option': Grafiken formatieren und beschriften

Nach Wahl dieser Option werden folgende Menüpunkte zum Verbessern einer Grafik angeboten:

- Legend — Festlegen von Legenden zum Beschreiben der Datenbereiche von A bis F,
- Format — Bestimmen der Form der Darstellung von Linien- und XY-Diagrammen,
- Title — Beschriften einer Grafik und ihrer Achsen,
- Grid — Zeichnen von Gitterlinien,
- Scale — Skalierung von numerischen Achsen,
- Color — Farbenwahl für kontrastierende Darstellungen,
- B&W — Festlegung auf Schwarz-Weiß-Darstellung,
- Data-Labels — Beschriften von Datenbereichen in einer Grafik und
- Quit — Rückkehr zum Grafikmenü.

'Option'-Option Titles: Beschriften einer Grafik

Mit dieser Option kann eine beliebige grafische Darstelung mit einer zweizeiligen Überschrift und die beiden Achsen mit einer Textzeile beschriftet werden. Die Auswahl erfolgt mit:

- First — Eingabe der ersten Zeile der Überschrift,
- Second — Eingabe der zweiten Zeile der Überschrift,
- X-axis — Eingabe einer Zeile für X-Achsen-Beschriftung und
- Y-axis — Eingabe einer Zeile für Y-Achsen-Beschriftung.

Jede der obigen Textzeilen für die Beschriftung kann maximal 39 Zeichen lang sein.

'Option'-Option Grid: Zeichnen von Gitterlinien

Durch das Zeichnen von waagerechten und senkrechten Gitterlinien kann die 'Lesbarkeit' einer grafischen Darstellung wesentlich verbessert werden. Mit der Option Grid sind folgende Möglichkeiten gegeben:

- Horizontal — Zeichnen von waagerechten Gitterlinien,
- Vertical — Zeichnen von senkrechten Gitterlinien,
- Both — Zeichnen eines Gitternetzes aus waagerechten und senkrechten Gitterlinien und
- Clear — Löschen von Gitterlinien.

■ Beispiel 2-6: Beschriften einer Zeichnung

Die im Beispiel 2-5 erstellte grafische Darstellung einer Sinus-Funktion ist zu beschriften, mit einem Gitternetz zu versehen und unter dem Namen SinKurv2 zu speichern. Die folgende Darstellung:

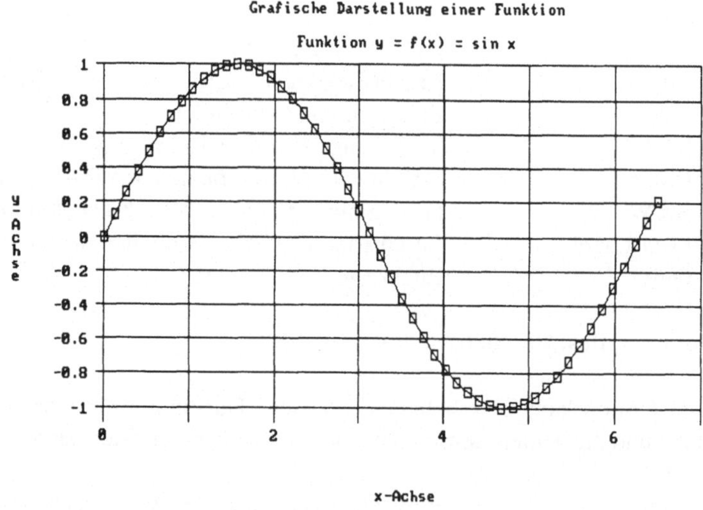

Bild 2-6: Sinuskurve mit Gitterlinien

ergibt sich nach dem Laden der Tabelle SinKurv1 mit:

<Escape>
Graph
Option {Aufruf der Graph-Option 'Option'}
Titles {Erste Zeile der Überschrift eingeben}
First
Grafiktitel eingeben, erste Zeile:
Grafische Darstellung einer Funktion <Return>

Titles {Zweite Zeile der Überschrift eingeben}
Second
Grafiktitel eingeben, zweite Zeile: **\A4 <Return>**
Titles {Beschriftung der X-Achse festlegen
X-axis
Titel der X-Achse eingeben: **x-Achse <Return>**
Titles {Beschriftung der Y-Achse festlegen
Y-axis
Titel der Y-Achse eingeben: **y-Achse <Return>**
Quit

Anschließend ist das Arbeitsblatt unter SinKurv2 abzuspeichern.

☞ *Hinweis: Übernahme von Zellinhalten in Überschriften*

Durch die Eingabe einer Zelladresse mit einem vorangestellten Backslash (\) kann der Inhalt dieser Zelle als Titel bei der Beschriftung einer Grafik übernommen werden.

◆ Aufgabe 2-4: Beschriften der Tangenskurve

Die Darstellung der Tangenskurve aus Aufgabe 2-3 ist analog zum Beispiel 2-6 zu verbessern und unter dem gleichen Namen abzulegen.

In vielen Fällen ist es zweckmäßig, in einer Zeichnung mehrere Kurvenverläufe darzustellen. Mit den Optionen Legend und Format der Graph-Option 'Option' lassen sich solche Darstellungen - wie auch Darstellungen mit einer Kurve - näher erläutern.

'Option'-Option Legend: Erklärungen für Datenbereiche festlegen

Hiermit werden Texte als Legenden zu einer Grafik vereinbart, mit denen die unterschiedlichen Darstellungen der Datenbereiche näher erklärt werden. In Abhängigkeit von der gewählten Diagrammart werden Erläuterungen festgelegt für:

- die Farben und Schraffuren bei Balken- und Stapelbalken-Diagrammen und
- die Darstellung von Datenpunkten bei Linien- und XY-Diagrammen.

Hierbei werden die Datenbereiche A bis F zur Auswahl angeboten. Die festgelegten Legenden erscheinen unterhalb der eigentlichen Grafik.

'Option'-Option Format: Festlegen der Darstellung von Linien- und XY-Diagrammen

Für Linien- und XY-Diagramme kann mit Format bestimmt werden, ob ihre Darstellung mit Linien, mit Symbolen oder mit beiden Formen erfolgen soll. Die Festlegungen können aufgrund der Auswahlmöglichkeiten folgendermaßen vereinbart werden:

- Graph — für die gesamte Grafik,
- A bis F — für einzelne Datenbereiche und
- Quit — Rückkehr zum Menü von 'Option'.

Nach Wahl einer der obigen Formatvarianten kann die Form der Darstellung für die verschiedenen Diagramme im Dialog vereinbart werden. Es bestehen hierfür die Möglichkeiten:

- Line — Verbinden der Datenpunkte durch Linien,
- Symbols — Kennzeichnen der Datenpunkte durch Symbole,
- Both — Darstellen mit Linien und Symbolen und
- Neither — keine Darstellung mit Linien oder Symbolen.

☞ *Hinweis: Standardeinstellung für Format*

Standardmäßig gilt für Linien- und XY-Diagramme in einer Grafik die Format-Festlegung Both, d.h., die Datenpunkte werden durch Linien verbunden und mit Symbolen gekennzeichnet.

☞ *Hinweis: Symbole für Datenpunkte*

Im System WAF werden folgende Symbole zur Darstellung von Datenpunkten benutzt:

- Symbol □ — für Datenbereich A,
- Symbol + — für Datenbereich B,
- Symbol ◊ — für Datenbereich C,
- Symbol Δ — für Datenbereich D,
- Symbol x — für Datenbereich E und
- Symbol ∇ — für Datenbereich F.

■ Beispiel 2-7: Darstellen mehrerer Funktionen in einer Zeichnung

Für die im Beispiel 2-4 behandelte Schwingung ist ihr Schwingungsverlauf mit den zugehörigen Hüllkurven in einer Grafik darzustellen. Die Grafik ist zu beschriften und im Arbeitsblatt Schwing3 zu speichern.

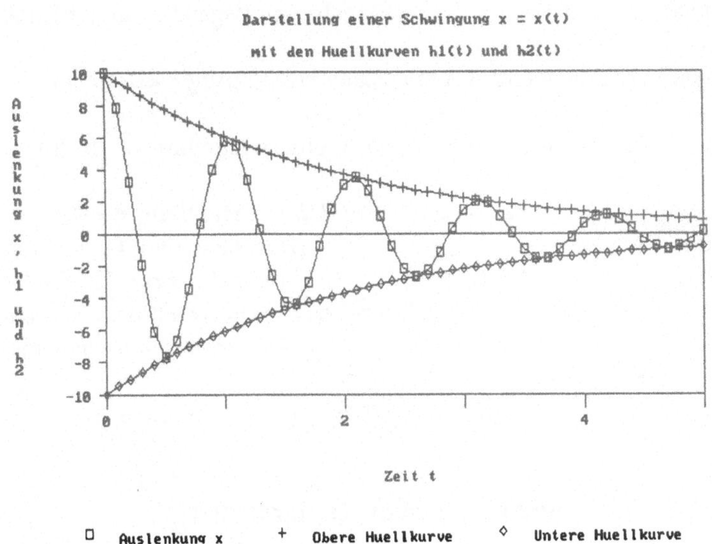

Bild 2-7: Kurvendarstellung mit Legende

Man lädt zunächst das Arbeitsblatt Schwing1 und wechselt in den Grafikmodus. Anschließend kann man beispielsweise wie folgt vorgehen:

Type {Wahl der Diagrammart}
XY
X {Datenbereich für die Zeit t festlegen}
Datenbereich der X-Achse eingeben: **E2..E52 <Return>**
A {Datenbereich für die Auslenkung x festlegen}
Ersten Datenbereich eingeben: **F2..F52 <Return>**
B {Datenbereich für die obere Hüllkurve festlegen}
Zweiten Datenbereich eingeben: **G2..G52 <Return>**
C {Datenbereich für die untere Hüllkurve festlegen}
Dritten Datenbereich eingeben: **H2..H52 <Return>**
View {Darstellen der bisher vereinbarten Grafik}
Option {Vereinbaren von Beschriftungen
Titles analog zum voraufgegangenen Beispiel}

:
:
Option {Festlegen des Formats für die gesamte Grafik
Format mit der Darstellung der Datenpunkte durch Symbole}
Graph
Symbols
Legend {Eingabe von Legenden für x, h1 und h2}
A
Legende für Datenbereich A eingeben: **Auslenkung x <Return>**
B
Legende für Datenbereich B eingeben: **Obere Huellkurve <Return>**
C
Legende für Datenbereich C eingeben: **Untere Huellkurve <Return>**
Quit {Rückkehr zum 'Option'-Menü}
Quit {Rückkehr zum Grafik-Menü}
View {Darstellen der Grafik auf dem Bildschirm}
Quit {Rückkehr zum Bereitschaftsmodus}

Anschließend ist das Arbeitsblatt wie vorgesehen abzuspeichern.

◆ Aufgabe 2-5: Sinus- und Cosinuskurven darstellen

Die Kurven für die Funktionen y = sin x und y = cos x sind gemeinsam in einer Zeichnung darzustellen. Die Speicherung der erhaltenen Tabelle erfolge unter dem Namen SinCos.

Mit der im Beispiel 2-7 behandelt Vorgehensweise kann man in einer Grafik mehrere Kurvenverläufe darstellen, z.B auch die Grafen für eine Funktion und für ihre Ableitungen. Da die Funktionswerte und die Ableitungswerte von ihrer Größenordnung sehr unterschiedlich sein können, ist die gemeinsame Darstellung der Funktion mit ihren Ableitungen in einer Zeichnung u.U. unübersichtlich und schlecht auswertbar. In einem solchen Fall ist es häufig günstiger, die einzelnen Kurven in jeweils einer Grafik darzustellen. Diese Einzelgrafiken sollten zweckmäßigerweise auf die gleiche Wertetabelle Bezug nehmen, d.h., sie sollten einem Arbeitsblatt zugeordnet sein. Das Erstellen und Verwalten mehrerer Grafiken für ein Arbeitsblatt kann mit den Graph-Optionen Name und Reset realisiert werden.

Graph-Option Name: Speichern von Grafikfestlegungen

Mit dieser Option können die aktuellen Grafikfestlegungen eines Arbeitsblattes unter einem beliebigen Namen abgespeichert werden. Auf diese Weise ist es möglich, mehrere Grafiken mit ihren entsprechenden Festlegungen unter verschiedenen Namen für ein Arbeitsblatt zu sichern.

Nach dem Aufruf der Option Name werden folgende Möglichkeiten zur Auswahl angeboten:

- Use — Laden und Anzeigen einer gespeicherten Grafik,
- Create — Speichern der Festlegungen der aktuellen Grafik,
- Delete — Löschen einer gespeicherten Grafik,
- Show — Anzeigen aller gespeicherten Grafiken und
- Reset — Löschen aller gespeicherten Grafiken.

☞ *Hinweis: Speichern einer Grafik*

Nachdem dem Speichern von Grafikfestlegungen in einem Arbeitsblatt muß das Arbeitsblatt selbst mit dem Befehl File und der Option Save gesichert werden, damit die abgespeicherten Festlegungen für spätere Anwendungen des Arbeitsblattes zur Verfügung stehen.

Graph-Option Reset: Löschen von Grafikfestlegungen

Hiermit können einzelne oder alle Festlegungen einer aktuellen Grafik rückgängig gemacht werden, und zwar mit:

- Graph — Löschen aller Grafikfestlegungen,
- X, A bis F — Löschen für einzelne Datenbereiche und
- Quit — Rückkehr in den Graphikmodus.

■ Beispiel 2-8: Darstellung einer Funktion und ihrer Ableitungen

Aufgrund der Wertetabelle aus Beispiel 2-3 sind für das Polynom und seiner 1. und 2. Ableitung die zugehörigen Kurven einzeln darzustellen. Die jeweiligen Grafikfestlegungen sind unter den Namen PolKurv0, PolKurv1 und PolKurv2 abzuspeichern. Das Arbeitsblatt mit den gespeicherten Grafiken ist unter dem Namen Polynom2 zu speichern.

Unter Anwendung der bisher behandelten Grafik-Optionen ergeben sich folgende drei Einzeldarstellungen für die 0., 1. und 2. Ableitung des Polynoms.

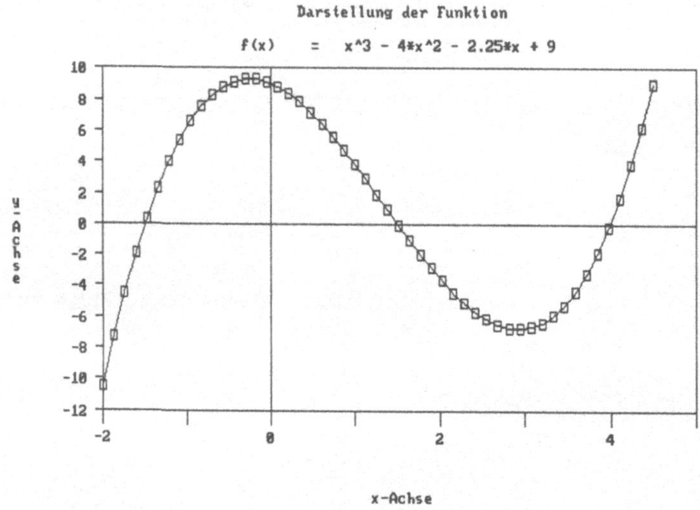

Bild 2-8: Graf eines Polynoms 3.Grades

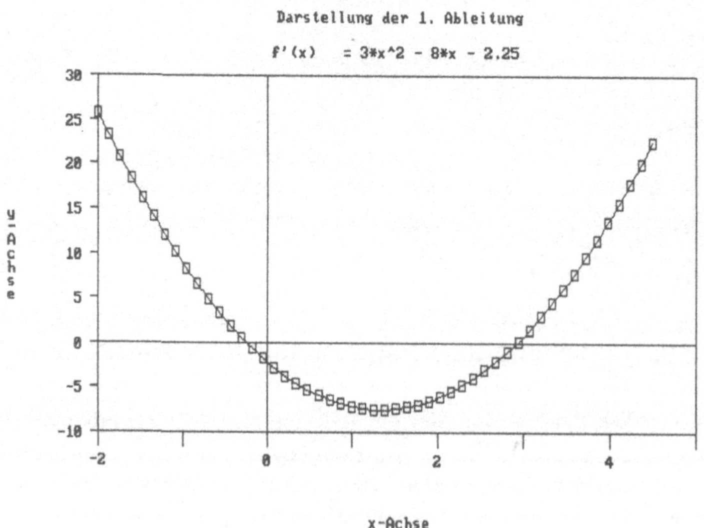

Bild 2-9: Graf der 1.Ableitung eines Polynoms 3.Grades

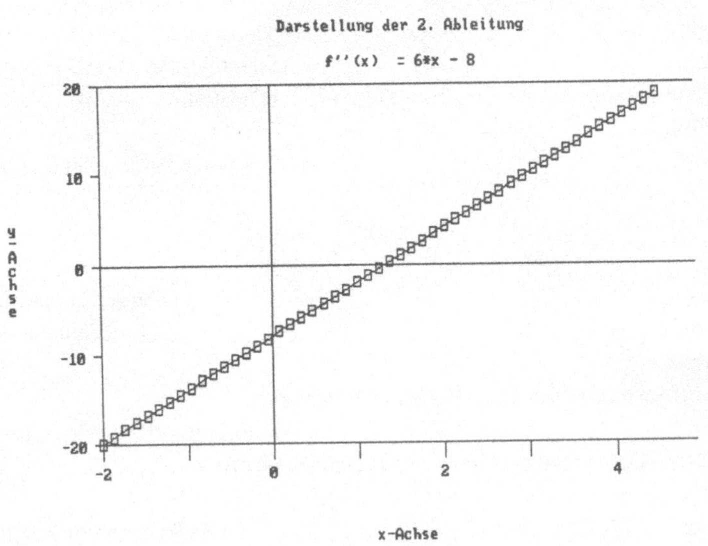

Bild 2-10: Graf der 2. Ableitung eines Polynoms 3.Grades

Nach dem Laden der Tabelle Polynom und dem Aufruf des Arbeitens im Grafikmodus geht man wie folgt vor:

Reset {Löschen aller Grafikfestlegungen}
Graph
Type {XY-Diagramm für Darstellung auswählen}
XY
X {Datenbereich für x-Achse festlegen}
Datenbereich der X-Achse eingeben: **E2..E52 <Return>**
A {Datenbereich für f(x) festlegen}
Ersten Datenbereich eingeben: **F2..F52 <Return>**
Option
Titles {Beschriften der Zeichnung}
First
:
:
View {Darstellung anzeigen}
Name {Grafik abspeichern}
Create
Grafiknamen eingeben: **PolKurv0 <Return>**
Reset {Löschen des Datenbereichs A}
A

Quit
A {Datenbereich für f'(x) festlegen}
Ersten Datenbereich eingeben: **G2..G52 <Return>**
Option
Titles {Beschriften der Zeichnung}
First
:
:
View {Darstellung anzeigen}
Name {Grafik abspeichern}
Create
Grafiknamen eingeben: **PolKurv1 <Return>**
A {Datenbereich für f''(x) festlegen}
Ersten Datenbereich eingeben: **H2..H52 <Return>**
Option
Titles {Beschriften der Zeichnung}
First
:
:
View {Darstellung anzeigen}
Name {Grafik abspeichern}
Create
Grafiknamen eingeben: **PolKurv2 <Return>**
Quit <Escape>
File {Abspeichern des Arbeitsblattes}
Save
Name der zu speichernden .WKS-Datei eingeben: **Polynom2 <Return>**

◆ Aufgabe 2-6: Darstellen der Winkelfunktionen

Für die Winkelfunktionen sin(x), cos(x), tan(x) und cot(x) sind für das x-Intervall von 0 bis 2π in einem Arbeitsblatt WinkFunk eine geeignete Wertetabelle zu erstellen. Ferner sind die Sinus- und Cosinus-Kurve gemeinsam in einer Grafik darzustellen, entsprechend die Tangens- und Cotangenskurve in anderen Grafik. Die beiden Grafiken sind unter den Namen SinCos und TanCot abzuspeichern.

Die übrigen von WAF zur Verfügung gestellten Diagrammarten spielen für die grafische Darstellung von Funktionen keine besondere Rolle und sollen hier nur kurz an zwei Beispielen für Balken- und Kreis-Diagramme behandelt werden. Diese Art von Diagrammen finden im wesentlichen Anwendung beim Erstellen sogenannter Geschäftsgrafiken.

■ Beispiel 2-9: Balkendiagramm erstellen

Für die wesentlichen Kosten der in der Tabelle StueLis2 gespeicherten Kosten eines Lochwerkzeugs ist eine Übersicht in Form eines Balkendiagramms zu erstellen und unter dem Namen Balken abzuspeichern. Die um die Grafik erweiterte Tabelle selbst ist unter ihrem alten Namen zu sichern.

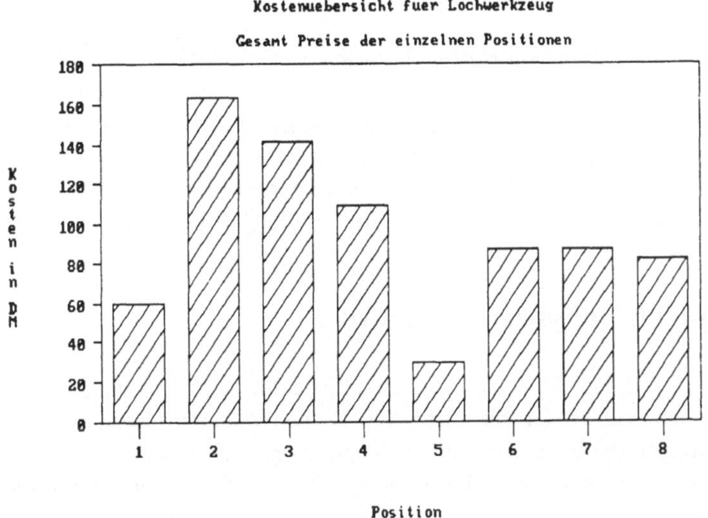

Bild 2-11: Balkendiagramm für Kostenübersicht

Das Erstellen des obigen Balken-Diagramms wird nach dem Laden der Tabelle StueLis2 und dem Aufruf des Befehls Graph - analog wie für XY-Diagramme - in folgenden Schritten durchgeführt:

Type {Wahl der Diagrammart}
Bar
X {Zu betrachtende Stücklisten-Positionen festlegen}
Datenbereich der X-Achse eingeben: **A6..A17 <Return>**
A {Darzustellende Kosten festlegen}
Ersten Datenbereich eingeben: **G6..G17 <Return>**
View {Anzeigen der bisher vereinbarten Grafik}
Option
Titles {Vereinbaren von Beschriftungen}
:

:
View {Anzeigen der festgelegten Grafik}
Name {Grafik abspeichern}
Create
Grafiknamen eingeben: **Balken <Return>**
Quit Verlassen des Grafikmodus}
: und Sichern der geänderten Tabelle}
:

☞ *Hinweis: Anwendung von Balkendiagrammen*

In Balkendiagrammen werden auf der X-Achse Texte abgetragen. Auf der Y-Achse werden numerische Werte aus maximal sechs Datenbereichen A bis F dargestellt, und zwar in nebeneinander angeordneten Balken für jeweils einen X-Wert. Diese Form der Darstellung eignet sich insbesondere für Vergleiche von Werten.

■ Beispiel 2-10: Kreisdiagramm erstellen

Analog zum Beispiel 2-9 ist für die Stückliste des Lochwerkzeugs ein Kreisdiagramm zu erstellen und als Grafik unter dem Namen Kreis zu speichern, dabei sollen die Benennungen der einzelnen Stücklistenpositionen als X-Datenbereich festgelegt werden. Ein entsprechendes Kreisdiagramm kann von folgender Form sein:

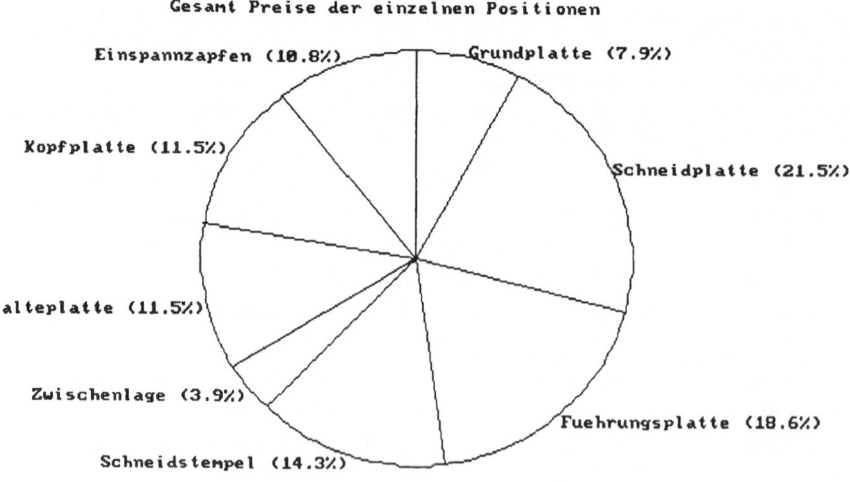

Bild 2-12: Kreisdiagramm für Kostenübersicht in Prozent

Man erhält diese Darstellung nach dem Laden der Tabelle und dem Aufruf des Grafikmodus mit:

Type {Kreis-Diagramm für Darstellung auswählen}
Pie
X {Zu betrachtende Benennungen festlegen}
Datenbereich der X-Achse eingeben: **C6..C17 <Return>**
View {Anzeigen der neuen Grafik}
Name {Grafik abspeichern}
Create
Grafiknamen eingeben: **Kreis <Return>**
Quit {Verlassen des Grafikmodus und Sichern der geänderten Tabelle}
:
:

☞ *Hinweis: Anwendung von Kreisdiagrammen*

Bei Kreisdiagrammen kann für die in Abhängigkeit von X darzustellenden Größen nur der Datenbereich A festgelegt werden. Die Darstellung der zugehörigen Werte erfolgt durch die Angabe ihres prozentualen Anteils am Gesamtwert und durch entsprechend große Kreissegmente. Die Vereinbarung einer Legende für den Datenbereich A ist nicht möglich.

2.3 Ermitteln von Näherungslösungen

Eine Vielzahl von Problemstellungen in der Praxis führen zu mathematischen Aufgaben, die sich nicht mehr oder nur mit relativ großem Aufwand geschlossen lösen lassen. Man ist in einem solchen Fall auf Näherungslösungen angewiesen, die man mit Hilfe geeigneter numerischer Verfahren anstelle der exakten Lösungen ermittelt. In diesem Kapitel soll an Beispielen:

- für die numerische Lösung von Gleichungen und
- für die numerische Integration

gezeigt werden, wie einfach sich Näherungsverfahren mit einer Tabellenkalkulation durchführen lassen. Exemplarisch werden hier folgende Verfahren:

- Intervallschachtelung,
- Newton-Verfahren,
- allgemeine Iteration und
- Simpson-Regel

in geeigneten Arbeitsblättern realisiert. Da dem Anwender beim Arbeiten mit einer Tabellenkalkulation meist mehr Informationen zur Verfügung stehen als bei Näherungsrechnungen mit herkömmlichen Programmen, wie z.B. in Pascal, kann man auf die sonst erforderlichen Konvergenzkontrollen verzichten. Im weiteren wird davon ausgegangen, daß der Anwender aufgrund der angezeigten Zwischen- und Endergebnisse zu ungenaue oder unzulässige Näherungslösungen erkennt und geeignete Änderungen, z.B. durch die Vorgabe neuer Anfangswerte, vornimmt.

Bei der Nullstellenbestimmung einer Funktion mit einer Intervallschachtelung geht man von einem Anfangsintervall aus, dessen Grenzen Funktionswerte von unterschiedlichem Vorzeichen besitzen. Man ermittelt die Intervallmitte und den zugehörigen Funktionswert. Aufgrund des Vorzeichens dieses Wertes liegt fest, auf welcher Seite von der Intervallmitte sich die gesuchte Nullstelle befindet. Entsprechend wird mit dem linken oder rechten Teilintervall die obige Vorgehensweise fortgesetzt, bis sich eine Intervallmitte ergibt, deren zugehöriger Funktionswert im Rahmen der gewünschten Genauigkeit nahe genug bei Null liegt.

Diese Vorgehensweise kann - in etwas modifizierter Form - vom Anwender direkt auf Arbeitsblätter übertragen werden, die als Ergebnis für eine Funktion eine Wertetabelle mit zugehöriger Grafik liefern. Ausgehend von einem Anfangsintervall legt man aufgrund des sich hierfür ergebenden Verlaufs der Kurve ein neues Intervall mit Funktionswerten unterschiedlichen Vorzeichens fest. Im Prinzip können die im voraufgegangenen Kapitel erstellten Tabellen ohne weitere Änderungen oder Ergänzungen zur Durchführung einer solchen Intervallschachtelung benutzt werden. Aus Gründen einer besseren Übersicht und genauerer Ergebnisse kann es u.U. zweckmäßiger sein, mit weniger Stützstellen bzw. einer größeren Zahl von Nachkommastellen zu arbeiten.

■ Beispiel 2-11: Ermitteln einer Nullstelle durch Intervallschachtelung

Mit Hilfe der Methode der Intervallschachtelung bestimme man näherungsweise die Nullstellen des Polynoms aus Beispiel 2-8. Die dort entwickelte Tabelle Polynom2 ist zu übernehmen und wie folgt zu ändern:

- Verringerung der Anzahl der Stützstellen auf 19, damit die gesamte Wertetabelle auf dem Bildschirm erscheint,
- Festsetzen des Festkommaformats für x und f(x) auf 4 Nachkommastellen,
- Aktivieren der Grafik für die Darstellung der Funktion f(x).

Nach dem Laden und Ändern der Tabelle ergibt sich das neue Arbeitsblatt:

	A–D	E	F	G	H
1	Wertetabelle eines Polynoms	x	f(x)	f'(x)	f''(x)
2	==========================	-2.0000	-10.5000	25.7500	-20.0000
3		-1.6100	-1.9192	18.4063	-17.6600
4	f(x) = x^3 - 4*x^2 - 2.25*x + 9	-1.2200	3.9756	11.9752	-15.3200
5	f'(x) = 3*x^2 - 8*x - 2.25	-0.8300	7.5401	6.4567	-12.9800
6	f''(x) = 6*x - 8	-0.4400	9.1304	1.8508	-10.6400
7		-0.0500	9.1024	-1.8425	-8.3000
8		0.3400	7.8119	-4.6232	-5.9600
9	Untere Grenze = -2.0000	0.7300	5.6149	-6.4913	-3.6200
10	Obere Grenze = 5.0000	1.1200	2.8673	-7.4468	-1.2800
11		1.5100	-0.0749	-7.4897	1.0600
12		1.9000	-2.8560	-6.6200	3.4000
13	Anzahl der Stützstellen = 19	2.2900	-5.1199	-4.8377	5.7400
14	Schrittweite = 0.3900	2.6800	-6.5108	-2.1428	8.0800
15		3.0700	-6.6727	1.4647	10.4200
16		3.4600	-5.2497	5.9848	12.7600
17		3.8500	-1.8859	11.4175	15.1000
18		4.2400	3.7746	17.7628	17.4400
19		4.6300	12.0877	25.0207	19.7800
20		5.0200	23.4094	33.1912	22.1200

Bild 2-13: Wertetabelle für ein Polynom

Beginnt man die Näherungsrechnung mit dem Anfangsintervall: $-2.0 \leq x \leq 5.0$, so ist folgender Ablauf möglich:

-2 {Eingabe der Anfangsgrenzen in C9 und C10}
5 <Return>
<F10>
<Beliebige Taste>
-1 <Return> {Anpassen der oberen Grenze}
<F10>
<Beliebige Taste>
-1.3 {Anpassen beider Grenzen}
-1.6 <Return>
<F10>
<Beliebige Taste>

Aufgrund des Kurvenverlaufs und der Wertetabelle ist ersichtlich, daß die erste Nullstelle des Polynoms bei x = 1.5 liegt. Die beiden weiteren Nullstellen findet man auf die gleiche Weise.

☞ *Hinweis: Bestimmung von Extremwerten und Wendepunkten*

Die Extremwerte und Wendepunkte einer Funktion lassen sich ganz analog ermitteln. Man hat für seine Betrachtungen nur die entsprechende Spalte und Grafik für f'(x) bzw. f''(x) zu wählen und die Nullstellen hierfür zu ermitteln, da für Extremwerte und Wendepunkte die notwendige Bedingung: f'(x) = 0 bzw. f''(x) = 0 gelten muß. Die Art des Extremwerts, ob ein relatives Maximum oder Minimum vorliegt, kann aufgrund des Grafs für f(x) entschieden werden.

◆ Aufgabe 2-7: Nulldurchgang einer Schwingung

Für die in der Aufgabe 2-2 behandelte zusammengesetzte Schwingung bestimme man näherungsweise die Zeit, nach welcher die Auslenkung erstmalig nach dem Beginn der Schwingung den Wert Null annimmt.

Bei der Bestimmung der Nullstelle x_N einer Funktion $y = f(x)$ mit dem Newton-Verfahren geht man von einer Anfangsnäherung x_0 aus und ermittelt die Tangente im Punkt $P_0(x_0,f(x_0))$. Als neue Näherung x_1 wählt man den Schnittpunkt der Tangente mit der x-Achse. Entsprechend verfährt man mit der neuen Näherung und allen weiteren, und zwar solange bis man eine hinreichend gute Näherung für x_N gefunden hat. Allgemein gilt bei bekannter Ableitung f'(x) für eine beliebige Näherung x_{n+1} folgende Iterationsvorschrift:

$$x_{n+1} = x_n - \frac{f(x_n)}{f'(x_n)} \text{ für } f'(x_n) \neq 0 \text{ und } n = 0, 1, 2, \ldots$$

Mit dem System WAF lassen sich Iterationen - wie z.B. beim Newton-Verfahren - durchführen, und zwar mit Hilfe einer geeigneten Tabelle für die Näherungswerte oder unter Anwendung einer sogenannten Schleife. Im folgenden Beispiel sollen die Näherungswerte in Tabellenform ermittelt werden.

■ Beispiel 2-12: Newton-Verfahren in Tabellenform

Das Newton-Verfahren soll zur iterativen Ermittlung der Nullstellen des Polynoms aus dem letzten Beispiel herangezogen werden. Man entwickle eine Tabelle zur Bestimmung der verschiedenen Näherungswerte für die gesuchte Nullstelle des Polynoms aus der im Beispiel 2-11 verwendeten Wertetabelle.

Die Folge der Näherungswerte erhält man auf einfache Weise, indem man die x-Werte in der Spalte F der Tabelle Polynom3 nicht mehr durch Aufaddieren der durch die Intervallgrenzen vorgegebenen Schrittweite ermittelt, sondern aufgrund der Iterationsvorschrift nach Newton aus dem jeweils unmittelbar vorausgegangenen x-Wert. Eine entsprechend geänderte neue Tabelle Polynom4 könnte folgenden Aufbau besitzen:

	A	B	C	D	E	F	G	H
1	Newton-Verfahren zur Ermittlung					x	f(x)	f'(x)
2	der Nullstelle eines Polynoms					-3.0000	-47.2500	48.7500
3	================================					-2.0308	-11.3018	26.3682
4						-1.6022	-1.7753	18.2679
5	Iterationsvorschrift					-1.5050	-0.0823	16.5846
6	--------------------					-1.5000	-0.0002	16.5002
7						-1.5000	-0.0000	16.5000
8	xneu = xalt - f(xalt)/f'(xalt)					-1.5000	0.0000	16.5000
9						-1.5000	0.0000	16.5000
10	f(x) = x^3 - 4*x^2 - 2.25*x + 9					-1.5000	0.0000	16.5000
11	f'(x) = 3*x^2 - 8*x - 2.25					-1.5000	0.0000	16.5000
12						-1.5000	0.0000	16.5000
13						-1.5000	0.0000	16.5000
14	Anfangswert = -3.0000					-1.5000	0.0000	16.5000
15						-1.5000	0.0000	16.5000
16						-1.5000	0.0000	16.5000
17						-1.5000	0.0000	16.5000
18						-1.5000	0.0000	16.5000
19						-1.5000	0.0000	16.5000
20						-1.5000	0.0000	16.5000

Bild 2-14: Newton-Verfahren für ein Polynom

Neben den mehr redaktionellen Änderungen, wie z.B. das Löschen einiger Texte, das Löschen der Spalte H für die 2. Ableitungen und das Verschieben der Spalten für x, f(x) und f'(x) um eine Spalte nach rechts, ist in der Zelle C14 die Eingabe der Anfangsnäherung vorzusehen und die eigentliche Näherungsrechnung in der Spalte F beginnend mit der Zelle F2 wie folgt festzulegen:

+C14 <↓> {Übernahme des Anfangswertes für x}
+F2-G2/H2 <Return> {Iterationsvorschrift für neuen Näherungswert}
<Escape> {Iterationsvorschrift kopieren}
Copy
Kopieren - QUELLbereich eingeben: **F3..F3 <Return>**
Kopieren - ZIELbereich eingeben: **<F4..F20 Return>**

Anschließend ist die so geänderte und erweiterte Tabelle unter dem Namen Polynom4 abzuspeichern.

◆ Aufgabe 2-8: Nulldurchgang einer Schwingung

Analog zu der Vorgehensweise im Beispiel 2-12 ist das Arbeitsblatt aus der Aufgabe 2-7 zur näherungsweisen Berechnung des Nulldurchgangs einer Schwingung so zu ändern, daß die Ermittlung der Näherungswerte nach dem Newton-Verfahren durchgeführt wird.

Die Berechnung der Näherungswerte kann außer in der oben angegebenen Tabellenform auch direkt mit Hilfe einer Schleife realisiert werden. In WAF liegt eine Schleife vor, wenn eine Zelle direkt oder indirekt von sich selbst abhängt. Bei der Umsetzung von Iterationsverfahren in einer Tabellenkalkulation können solche Abhängigkeiten sinnvoll angewandt werden.

Global-Option Recalculation: Neuberechnung eines Arbeitsblattes

Nach Aufruf dieser Option bestehen für die Art und Weise der Durchführung einer Neuberechnung folgende Möglichkeiten:

- Natural — Abarbeiten der einzelnen Formeln unter Berücksichtigung ihrer Abhängigkeiten untereinander,
- Columnwise — spaltenweises Abarbeiten der Formeln,
- Rowwise — zeilenweises Abarbeiten der Formeln,
- Automatic — automatische Neuberechnung nach jeder Eingabe oder Änderung in einer Zelle,
- Manual — Neuberechnung nur nach Drücken der Funktionstaste F9 und
- Iteration — Festlegen der Anzahl der Wiederholungen einer Neuberechnung.

☞ *Hinweis: Standard-Neuberechnung*

Standardmäßig gilt für Neuberechnungen: Natural, Automatic und Anzahl der Iterationen gleich Eins. Bei allen bisher behandelten Tabellen erfolgte das Arbeiten mit dieser Standardfestlegung.

☞ *Hinweis: Manuelle Neuberechnung*

Eine manuelle Neuberechnung sollte mit der Option Manual immer dann gewählt werden, wenn eine Vielzahl von Daten einzugeben oder zu ändern sind. Man spart hiermit Rechenzeit, da nicht nach jeder Eingabe bzw. Änderung die Tabelle neu berechnet wird. Mit der Anzeige von CALC am unteren rechten Bildschirmrand wird auf die vereinbarte manuelle Neuberechnung hingewiesen.

Funktionstaste F9: Starten einer Neuberechnung

Durch Drücken der Funktionstaste F9 kann unabhängig davon, ob automatische oder manuelle Neuberechnung vereinbart ist, ein Arbeitsblatt neu berechnet werden.

■ Beispiel 2-13: Newton-Verfahren mit Schleifen-Realisierung

Die im Beispiel 2-12 behandelte Nullstellenberechnung eines Polynoms soll hier mit Hilfe einer direkten Umsetzung der Iterationsregel in Schleifenform durchgeführt werden.

Bei der Neugestaltung des bisherigen Arbeitsblattes Polynom4 können die Spalten für x, f(x) und f'(x) entfallen. Es werden nur der aktuelle Näherungswert und der zugehörige Funktionswert angezeigt. Bei der Ermittlung des Näherungswertes ist zu beachten, daß er entweder aus der Zelle für den Anfangswert übernommen oder nach der Iterationsvorschrift berechnet wird. Aus diesem Grund ist im Dialog die jeweilige Art der Bearbeitung:

- 1 für die Übernahme des Anfangswertes und
- 2 für die Ausführung einer Iteration

festzulegen. Zweckmäßigerweise vereinbare man für die manuelle Neuberechnung des neuen Arbeitsblattes Polynom5.

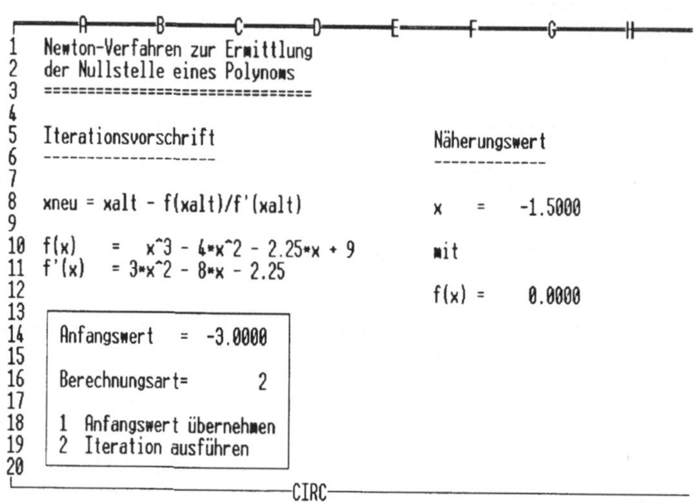

Bild 2-15: Newton-Verfahren mit Schleifen-Realisierung

Die oben besprochene Durchführung einer Iteration wird mit der Formel in Zelle G8 realisiert. Die Ermittlung und Anzeige des Funktionswertes in Zelle G12 dient zur Information des Anwenders und hat keinen Einfluß auf die eigentliche Berechnung. Die Festlegung dieser Zellen und die Vereinbarung einer manuellen Neuberechnung sind für das neue Arbeitsblatt wesentlich und werden folgendermaßen durchgeführt:

<F5> {Iterationsvorschrift in Zelle G8 festlegen}
Sprung-Zelladresse eingeben: **G8 <Return>**
@IF(C16=1,C14,G8-(G8^3-4*G8^2-2.25*G8+9)/(3*G8^2-8*G8-2.25))
<Return>
<F5> {Funktionswertberechnung in Zelle G12 festlegen}
Sprung-Zelladresse eingeben: **G12 <Return>**
+G8^3-4*G8^2-2.25*G8+9 <Return>
<Escape> {Manuelle Neuberechnung vereinbaren}
Worksheet
Global
Recalculation
Manual

Die Nullstellenbestimmung mit diesem Arbeitsblatt kann beispielsweise wie folgt ablaufen:

-3	{Eingabe der Anfangsnäherung in die Zelle C14}
1 <Return>	{Anfangsnäherung übernehmen}
<F9>	
2 <Return>	{Berechnungsart für Iterieren wählen}
<F9>	{Ausführen einer Iteration durch Neuberechnung}
<F9>	{Ausführen einer weiteren Iteration}
<F9>	{Ausführen einer weiteren Iteration}
<F9>	{Ausführen einer weiteren Iteration}

Die Näherungsrechnung kann abgebrochen werden, da die erhaltene Lösung genügend genau ist. Durch die Eingabe eines neuen Anfangswertes in die Zelle C14 und dem gleichen Vorgehen wie oben kann eine weitere Nullstelle des Polynoms ermittelt werden.

☞ *Hinweis: Arbeiten mit Schleifen*

Das System weist mit der Anzeige CIRC auf Zellen hin, die in einer Schleife vorkommen, d.h., die sich direkt bzw. indirekt auf sich selbst beziehen.

☞ *Hinweis: Vorgabe der Anzahl der Iterationen*

Durch Wahl der Recalculation-Option Iteration kann die Anzahl der Iterationen im Dialog:

Gewünschte Anzahl der Neuberechnungen (0..99) eingeben: Vorgabe

festgelegt werden. Legt man im voraufgegangenen Beispiel auf diese Weise als Wiederholungszahl vier fest, so ergibt sich das gleiche Näherungsergebnis bereits nach einmaligem Drücken der Funktinstaste F9.

Neben dem Newton-Verfahren gibt es eine Vielzahl weiterer Näherungsverfahren zur Nullstellenbestimmung. So erhält man durch Auflösen der Beziehung: $f(x) = 0$ in eine Form: $x = \varphi(x)$ eine weitere Iterationsvorschrift:

$$x_{n+1} = \varphi(x_n) \text{ für } n = 0, 1, 2, \ldots\ldots \text{ und dem Startwert } x_0.$$

Man spricht in diesem Zusammenhang auch von einer allgemeinen Iteration. Durch geringfügige Änderungen der Arbeitsblätter für die Ermittlung von Nullstellen nach dem Newton-Verfahren erhält man geeignete Arbeitsblätter für solche allgemeinen Iterationsverfahren.

■ Beispiel 2-14: Allgemeines Iterationsverfahren in Tabellenform

Gegeben ist die Funktion $y = f(x) = \cos x - x + 1$. Anhand einer Skizze oder einer - wie im Kapitel 2-2 erstellten - Grafik läßt sich leicht erkennen, daß diese Funktion nur eine einzige Nullstelle besitzt. Die zugehörige Bestimmungsgleichung: $\cos x - x - 1 = 0$ läßt sich nicht geschlossen lösen. Man entwickle daher ein allgemeines Iterationsverfahren zur Bestimmung der gesuchten Nullstelle.

Man erhält durch Auflösen der obigen Beziehung nach x die folgende Iterationsvorschrift:

$$x_{n+1} = \cos x_n + 1 \text{ für } n = 0, 1, 2, \ldots$$

und einem geeigneten Startwert x_0. Eine entsprechende Näherungsrechnung nach dieser Iterationsvorschrift läßt sich mit dem folgenden Arbeitsblatt Nulstel ausführen.

	A–E	F	G
1	Allgemeines Iterationsverfahren	x	f(x)
2	zur Nullstellenbestimmung	1.3000	-0.0325
3	==============================	1.2675	0.0312
4		1.2987	-0.0299
5	Iterationsvorschrift	1.2688	0.0287
6	--------------------	1.2974	-0.0275
7	xneu = cos(xalt) + 1	1.2700	0.0264
8		1.2963	-0.0253
9	Funktion	1.2710	0.0242
10	--------	1.2953	-0.0232
11	f(x) = cos(x) - x + 1	1.2720	0.0223
12		1.2943	-0.0214
13		1.2730	0.0205
14	Anfangswert = 1.3000	1.2935	-0.0197
15		1.2738	0.0189
16		1.2927	-0.0181
17		1.2746	0.0173
18		1.2919	-0.0166
19		1.2753	0.0159
20		1.2912	-0.0153

Bild 2-16: Allgemeines Iterationsverfahren

Dieses Arbeitsblatt erhält man am einfachsten, indem man die Tabelle Polynom4 lädt, in Hinblick auf die neue Iterationsvorschrift ändert und unter dem Namen Nulstel abspeichert. Neben einer Reihe von textlichen Änderungen sind folgende Schritte durchzuführen:

<F5> {Iterationsvorschrift in Zelle F3 festlegen}
Sprung-Zelladresse eingeben: **F3 <Return>**
@COS(F2)+1 <Return>
<Escape> {Iterationsvorschrift kopieren}
Copy
Kopieren - QUELLbereich eingeben: **F3..F3 <Return>**
Kopieren - ZIELbereich eingeben: **F4..F20 <Return>**
{Funktionswert ermitteln}
@COS(F2)-F2+1 <Return>
<Escape> {Funktionswert-Berechnung kopieren}
Copy
Kopieren - QUELLbereich eingeben: **G2..G2 <Return>**
Kopieren - ZIELbereich eingeben: **G3..G20 <Return>**
<F5> {Eingabe von 1.3 für den Startwert in Zelle C14}
Sprung-Zelladresse eingeben: **C14 <Return>**
1.3 <Return>

Anhand der sich ergebenden Werte für x und f(x) sieht man, daß dieses Verfahren sehr langsam konvergiert und daß die Näherungswerte abwechselnd links bzw. rechts von der gesuchten Nullstelle liegen. Man kommt aber sehr schnell zu weiteren und besseren Näherungen durch die Eingabe einer neuen Anfangsnäherung, die aus den bisherigen Ergebnissen abgelesen werden kann. Beispielsweise erhält man durch die Eingaben:

1.28 <Return>
1.283 <Return>
1.2834 <Return>

im Rahmen der durch die Formatvereinbarung möglichen Genauigkeit eine sehr gute Näherungslösung.

☞ *Hinweis: Konvergenz eines Iterationverfahrens*

Nicht jede Umformung der Beziehung $f(x) = 0$ führt zu einem konvergenten Iterationsverfahren $x_{n+1} = \varphi(x_n)$, d.h. zu immer genaueren Näherungen. Man hat in einem solchen Fall eine andere Umformung zu wählen und das Arbeitsblatt entsprechend zu ändern.

◆ Aufgabe 2-9: Nullstelle eines Polynoms

Für das Polynom $y = f(x) = x^3 - 4x^2 - 2.25x + 9$ ist eine allgemeines Iterationsverfahren herzuleiten und in ein Arbeitsblatt Polynom6 umzusetzen. Man gehe dabei analog wie im Beispiel 2-14 vor.

Die in den voraufgegangenen Beispielen entwickelten WAF-Tabellen lassen sich leicht auf andere Funktionen und Problemstellungen aus der Praxis anwenden. Im letzteren Fall muß zunächst für die gestellte technische Aufgabe eine entsprechende mathematische Formulierung gefunden und diese dann mit dem zugehörigen angepaßten Arbeitsblatt gelöst werden. Vielfach führen solche Aufgabenstellungen zu transzendenten Gleichungen, die keine geschlossene Lösung besitzen und nur Näherungslösungen zulassen.

■ Beispiel 2-15: Lösen einer transzendenten Gleichung

Für die Ermittlung der idealen Brennschlußhöhe einer einstufigen Rakete gilt die Beziehung:

$$h_b = v_a \cdot t_b \cdot \left(1 - \frac{\ln \mu}{\mu - 1}\right).$$

Im einzelnen haben die obigen Größen folgende Bedeutung:

- Massenverhältnis μ von Startmasse zu Endmasse,
- Ausströmgeschwindigkeit v_a in km/s,
- Brenndauer t_b in s und
- Brennschluß h_b in km.

Man ermittle für vorgegebene Werte von v_a, t_b und h_b das ideale Massenverhältnis μ.

Zunächst ist durch Umformen der oben gegebenen Beziehung eine Bestimmungsgleichung für μ herzuleiten. Man erhält die transzendente Gleichung:

$$\ln \mu + k \cdot (1 - \mu) = 0 \quad \text{mit} \quad k = 1 - \frac{h_b}{v_a \cdot t_b},$$

die sich nicht exakt lösen läßt und hier näherungsweise mit dem Newton-Verfahren gelöst werden soll.

Durch Ändern und Ergänzen der Tabelle Polynom4 erhält man zur Bestimmung des Massenverhältnisses μ die neue Tabelle Rakete.

	A	F	G	H
1	Ermitteln des Massenverhälnisses μ	μ	f(μ)	f'(μ)
2	einer einstufigen Rakete	100.0000	-44.8948	-0.4900
3	==================================	8.3779	-1.5634	-0.3806
4		4.2707	-0.1836	-0.2658
5	va in km/s = 2.5	3.5802	-0.0147	-0.2207
6	tb in s = 80.0	3.5137	-0.0002	-0.2154
7	hb in km = 100.0	3.5129	-0.0000	-0.2153
8		3.5129	-0.0000	-0.2153
9		3.5129	0.0000	-0.2153
10	Iterationsvorschrift	3.5129	0.0000	-0.2153
11	μneu = μalt - f(μalt)/f'(μalt)	3.5129	0.0000	-0.2153
12		3.5129	0.0000	-0.2153
13	f(μ) = lnμ + k(1-μ)	3.5129	0.0000	-0.2153
14	f'(μ) = 1/μ - k	3.5129	0.0000	-0.2153
15		3.5129	0.0000	-0.2153
16	mit k = 0.5000	3.5129	0.0000	-0.2153
17		3.5129	0.0000	-0.2153
18		3.5129	0.0000	-0.2153
19	Anfangswert μ = 100.0000	3.5129	0.0000	-0.2153
20		3.5129	0.0000	-0.2153

Bild 2-17: Massenverhältnis einer Rakete

Die wesentlichen Änderungen und Erweiterungen in dieser Tabelle werden wie folgt durchgeführt:

<F5> {Ermitteln der Konstante k in B16}
Sprung-Zelladresse eingeben: **B16 <Return>**
1-C7/(C5*C6) <Return>
<F5> {Berechnung des Funktionswerts in Spalte G}
Sprung-Zelladresse eingeben: **G2 <Return>**
@LN(F2)+$B$16*(1-F2) <Return>
<Escape>
Copy
Kopieren - QUELLbereich eingeben: **F2..F2 <Return>**
Kopieren - ZIELbereich eingeben: **F3..F20 <Return>**
<→> {Berechnung der 1. Ableitung in Spalte H}
1/F2-$B$16 <Return>
<Escape>
Copy
Kopieren - QUELLbereich eingeben: **G2..G2 <Return>**
Kopieren - ZIELbereich eingeben: **G3..G20 <Return>**

Abschließend soll die Anwendung von WAF zur näherungsweisen Berechnung eines bestimmten Integrals der Form:

$$A = \int_a^b f(x)\,dx$$

am Beispiel der Simpson-Regel behandelt werden. Voraussetzung für die Simpson-Regel - wie auch für die übrigen Methoden der numerischen Integration - ist, daß eine Wertetabelle für den Integranden existiert. Bei der Simpson-Regel wird das Integrationsintervall $a \leq x \leq b$ in eine gerade Anzahl n von gleichlangen Teilintervallen aufgeteilt und der Graf von f(x) stückweise durch Parabeln ersetzt. Der Näherungswert für A ergibt sich aus den Funktionswerten $y_0, y_1, ..., y_n$ an den Stellen $x_0=a, x_1, x_2, ..., x_{n-1}, x_n=b$ nach der folgenden Formel:

$$A \approx \frac{h}{3}(y_0 + 4y_1 + 2y_2 + 4y_3 + \ldots + 4y_{n-1} + y_n) \quad \text{mit} \quad h = \frac{x_n - x_0}{n}$$

Im folgenden Beispiel wird diese Formel für die Berechnung der Fläche unter der Sinuskurve im Intervall $0 \leq x \leq \pi$ verwendet.

■ Beispiel 2-16: Flächenberechnung mit der Simpson-Regel

Man ermittle die Fläche A unter der Sinuskurve in den Grenzen zwischen Null und π, indem man das zugehörige bestimmte Integral:

$$A = \int_0^{\pi} \sin x\,dx$$

näherungsweise nach der Simpson-Regel mit Hilfe eines Arbeitsblatts berechnet. Das untenstehende Arbeitsblatt Simpson ergibt sich durch Ändern und Ergänzen der Tabelle SinTab.

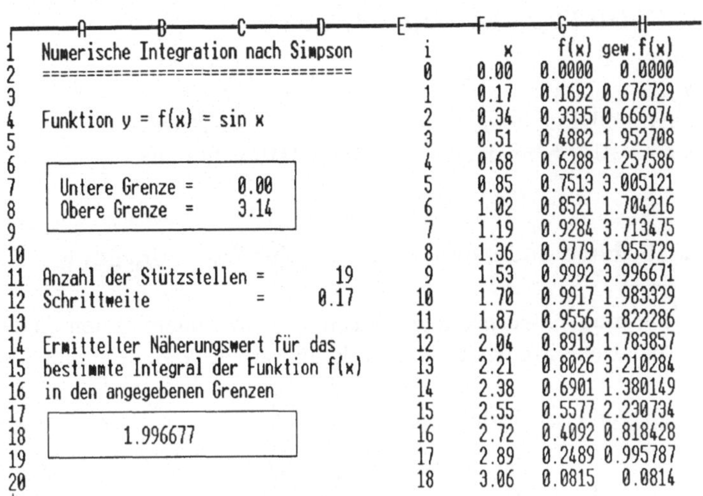

	A–D	E	F	G	H
1	Numerische Integration nach Simpson	i	x	f(x)	gew.f(x)
2	==================================	0	0.00	0.0000	0.0000
3		1	0.17	0.1692	0.676729
4	Funktion y = f(x) = sin x	2	0.34	0.3335	0.666974
5		3	0.51	0.4882	1.952708
6		4	0.68	0.6288	1.257586
7	Untere Grenze = 0.00	5	0.85	0.7513	3.005121
8	Obere Grenze = 3.14	6	1.02	0.8521	1.704216
9		7	1.19	0.9284	3.713475
10		8	1.36	0.9779	1.955729
11	Anzahl der Stützstellen = 19	9	1.53	0.9992	3.996671
12	Schrittweite = 0.17	10	1.70	0.9917	1.983329
13		11	1.87	0.9556	3.822286
14	Ermittelter Näherungswert für das	12	2.04	0.8919	1.783857
15	bestimmte Integral der Funktion f(x)	13	2.21	0.8026	3.210284
16	in den angegebenen Grenzen	14	2.38	0.6901	1.380149
17		15	2.55	0.5577	2.230734
18	1.996677	16	2.72	0.4092	0.818428
19		17	2.89	0.2489	0.995787
20		18	3.06	0.0815	0.0814

Bild 2-18: Numerische Integration nach Simpson

Die wichtigsten Ergänzungen sind:

- die Spalte E für die Numerierung der Stützstellen,
- die Spalte H für die gewichteten Funktionswerte mit 2 bzw. 4 und
- die Zelle B18 für den Näherungswert von A.

Sie lassen sich wie folgt realisieren:

<F5> {Durchnumerieren der einzelnen Stützstellen
Sprung-Zelladresse eingeben: **E2 <Return>**
0 <↓>
+E2+1 <Return>
<Escape>
Copy
Kopieren - QUELLbereich eingeben: **E3..E3 <Return>**
Kopieren - ZIELbereich eingeben: **E4..E20 <Return>**
<↑><→><→><→> {Funktionswerte für erste und letzte Stützstelle}
+G2 <Return>
<Escape>
Copy
Kopieren - QUELLbereich eingeben: **H2..H2 <Return>**
Kopieren - ZIELbereich eingeben: **H20..H20 <Return>**
<↓> {Gewichtete Funktionswerte mit 2 bzw. 4}

@IF(@MOD(E3,2)=1,4*G3,2*G3) <Return>
<Escape>
Copy
Kopieren - QUELLbereich eingeben: **H3..H3 <Return>**
Kopieren - ZIELbereich eingeben: **H19..H19 <Return>**

◆ Aufgabe 2-10: Formänderungsarbeit bei der Balkenbiegung

Für einen einseitig eingespannten Balken, der an seinem freien Ende durch eine Einzelkraft belastet wird, ist die Formänderungsarbeit W zu ermitteln.

Dies kann aufgrund der Beziehung:

$$W = \frac{1}{2\,E\,I} \int_0^l M^2\,dx \quad \text{mit} \quad M = M(x) = F\,(l - x)$$

erfolgen, dabei sind die Werte für die Größen:

- Balkenlänge l in mm,
- Einzellast F in N,
- Elastizitätsmodul E in N/mm^2 und
- Flächenmoment I in mm^4

vorgegeben. Man erstelle ein Arbeitsblatt Biegung zur näherungsweisen Berechnung der Formänderungsarbeit W.

Sowohl im Beispiel 2-16 als auch in der Aufgabe 2-10 läßt sich das bestimmte Integral exakt lösen. Die erhaltenen genauen Lösungen können hier zu Kontrolle der Näherungslösungen herangezogen werden. So liegt der Näherungswert für die Fläche unter der Sinuskurve mit 1.996677 relativ dicht bei der exakten Lösung von 2 . Obwohl für Aufgabenstellungen der obigen Art eine geschlossene Lösung möglich ist, lassen sich hier die erstellten Tabellen sinnvoll anwenden, um ohne großen Aufwand eine numerische Lösung zu erhalten. Außerdem sind sie unbedingt erforderlich, falls Integrale vorliegen, die nicht exakt gelöst werden können. Eine solche Aufgabenstellung wird im nächsten Beispiel behandelt.

■ Beispiel 2-17: Numerische Integration nach der Simpson-Regel

Die Schwingungsdauer T eines Fadenpendels ergibt sich aus der Formel:

$$T = 4\sqrt{\frac{l}{g}}\int_0^{\pi/2}\frac{dx}{\sqrt{1-\lambda^2\cdot\sin^2 x}} \quad \text{mit} \quad \lambda = \sin\frac{\Phi 0}{2}$$

und den gegebenen Größen:

- Länge *l* des Pendels in m,
- maximaler Auslenkwinkel Φ0 im Gradmaß und
- Erdbeschleunigung g mit 9.81 m/s^2.

Bei dem oben angegebenen Integral handelt es sich um ein sogenanntes elliptisches Integral 1. Gattung, das nicht elementar lösbar ist. Man ist hier auf eine numerische Lösung angewiesen. Beispielsweise kann eine Näherung für die Schwingungsdauer - aufbauend auf der Simpson-Regel - mit dem folgenden Arbeitsblatt Pendel ermittelt werden.

	A–D	E	F	G	H
1	Schwingungsdauer eines Fadenpendels	i	x	f(x)	gew.f(x)
2	Numerische Integration nach Simpson	0	0.00	1.0000	0.8415
3	==================================	1	0.09	1.0010	4.004045
4		2	0.18	1.0040	2.008061
5		3	0.27	1.0090	4.036054
6	Länge in m = 2.00	4	0.36	1.0159	2.031765
7	Max. Winkel° = 60.00	5	0.45	1.0245	4.098091
8		6	0.54	1.0348	2.069550
9		7	0.63	1.0464	4.185724
10	Anzahl der Stützstellen = 19	8	0.72	1.0592	2.118445
11	Schrittweite = 0.09	9	0.81	1.0728	4.291282
12	Lamda = sin(MaxWinkel/2) = 0.5	10	0.90	1.0868	2.173656
13		11	0.99	1.1008	4.403147
14	Näherung für Schwingungsdauer in s	12	1.08	1.1142	2.228368
15		13	1.17	1.1265	4.505903
16	3.125645	14	1.26	1.1371	2.274224
17		15	1.35	1.1456	4.582316
18		16	1.44	1.1514	2.302881
19		17	1.53	1.1544	4.617522
20		18	1.62	1.1542	0.9145

Bild 2-19: Schwingungsdauer eines Fadenpendels

Dieses Arbeitsblatt läßt sich aus der Tabelle Simpson einfach herleiten, indem man neben einigen textlichen im wesentlichen folgende Änderungen ausführt:

- Eingabe von Werten für l und $\Phi 0$ in C6 bzw. C7,
- Berechnung der Schrittweite in D11,
- Ermittlung von λ in D12,
- Ergänzen der Formel für den Näherungswert in B16 und
- Anpassen der Formeln für f(x) in Spalte G,

und zwar mit:

<F5> {Berechnung der Schrittweite}
Sprung-Zelladresse eingeben: **D11 <Return>**
@ROUND((@PI/2/(+D10-1),2) <↓> {Berechnung von Lamda}
@SIN(C7/2/180*@PI) <Return>
<↓><↓><↓><↓>
4*@SQRT(C6/9.81)*D11/3*@SUM(H2..H20) <Return>
<F5> {Anpassen der Formeln für Funktionswerte}
Sprung-Zelladresse eingeben: **G2 <Return>**
1/@SQRT(1-$D$12^2*@SIN(F2)^2) <Return>
<Escape>
Copy
Kopieren - QUELLbereich eingeben: **F2..F2 <Return>**
Kopieren - ZIELbereich eingeben: **F3..F20 <Return>**

Entsprechend der Vorgehensweise bei der Tabelle Pendel zum Ermitteln der Schwingungsdauer eines Fadenpendels kann man ohne großen Aufwand für andere Anwendungen geeignete Arbeitsblätter erstellen, indem man auf bereits vorhandene zurückgreift und diese ändert.

2.4 Das Arbeiten mit Makros

Mit Hilfe von Makros kann man in WAF das Arbeiten mit Arbeitsblättern automatisieren, indem man mehrere Arbeitsschritte durch die Angabe der zugehörigen

- allgemeinen Tastatureingaben,
- Umschreibungen für Sondertasten und
- speziellen Makro-Befehle

in Form eines benannten Programms bzw. Unterprogramms - ähnlich wie mit einer Programmiersprache - zusammenfaßt.

Der Aufruf eines Makros erfolgt über seinen Namen und bewirkt die Abarbeitung der in ihm zusammengefaßten Arbeitsschritte. Die Verwendung von Makros vereinfacht das Arbeiten mit einer Tabellenkalkulation wesentlich und führt zu erheblichen Zeiteinsparungen, weil beispielsweise eine Vielzahl von Tastatureingaben entfallen, da diese aufgrund der Makroprogrammierung automatisch ausgeführt werden.

Erstellen eines Makros

Die Festlegung eines Makros in einer Tabelle erfolgt, indem man die vorgesehenen Tastatureingaben, Sondertasten-Umschreibungen und Makro-Befehle als Labels in eine oder mehrere Zellen des aktuellen Arbeitsblatt eingibt. Bei einem mehrzeiligen Makro müssen die zugehörigen Zellen in einer Spalte untereinander stehen. Das Ende eines Makros wird durch eine Zelle gekennzeichnet, die kein Label enthält, d.h. durch eine Leerzelle oder durch eine Zelle mit einem Zahlenwert oder einer Formel. Anschließend ist mit der Option Name des Graph-Befehls Range der Name des Makros zu vereinbaren.

☞ *Hinweis: Mehrzeilige Makros*

Aus Gründen der besseren Übersichtlichkeit sollte man in einer Zelle nur relativ kurze Makrovereinbarungen angeben. Längere Vereinbarungen sind daher sinnvoll aufzuspalten und in mehreren Zellen untereinander darzustellen, wobei zweckmäßigerweise in den benachbarten Zellen erläuternde Textbemerkungen vorzusehen sind.

Range-Option Name: Verwalten von Bereichsnamen

Mit dieser Option des Befehls Range können für Arbeitsblattbereiche Namen vergeben und verwaltet werden. Hierfür stehen folgende Möglichkeiten:

- Create — Benennen eines Bereichs,
- Delete — Löschen eines Bereichsnamens,
- Labels — Zuordnen von Labels,
- Show — Anzeigen aller Bereichsnamen und
- Reset — Löschen aller Bereichsnamen.

zur Verfügung.

Name-Option Create: Benennen eines Bereichs

Nach der Wahl der Option Create kann einem Bereich ein Name mit maximal 15 Zeichen zugewiesen werden. Die Eingabe des Namens erfolgt im Dialog:

Name eingeben:

Existieren bereits benannte Bereiche, so wird ferner eine Liste ihrer Namen zur Auswahl angeboten. Nachdem ein Bereichsname eingegeben oder ausgewählt worden ist, muß aufgrund der Eingabeforderung:

Label-Bereich eingeben:

ein zugehöriger Bereich von Labels festzulegen. Dies kann durch Zeigen oder durch Eingabe der Bereichsadressen erfolgen.

☞ *Hinweis: Anzeigen von Bereichsnamen*

Im Bereitschaftsmodus kann durch Drücken der Funktionstasten F5 und F3 nacheinander die Namensliste für die vereinbarten Bereiche eines Arbeitsblatts ausgegeben werden.

Benennen eines Makros

Die Festlegung eines Namens für ein Makro wird mit der oben besprochenen Range-Option Name wie folgt durchgeführt:

<Escape>
Range
Create
Name eingeben: **Buchstabe <Return>**
Label-Bereich eingeben: **Adresse für erste Makrozelle <Return>**

Ein Makroname besteht dabei aus einem Rückwärtsschrägstrich und einem beliebigen Buchstaben.

■ Beispiel 2-18: Erstellen eines einzeiligen Makros

Für die unter dem Namen Polynom3 abgespeicherten Tabelle soll in der Zelle A21 ein Makro mit dem Namen \A erstellt werden, mit dem man das aktuelle Arbeitsblatt 'auf Tastendruck' in einer Tabelle Ablage sichern kann.

Man hat die hierfür unter WAF erforderlichen Eingaben:

<Escape>
File
Save
Name der zu speichernden .WKS Datei eingeben: **Ablage <Return>**
Backup

hintereinander in eine Zelle des Arbeitsblatts zu schreiben, dabei ist diese Eingabefolge durch ein Apostroph (') am Anfang als Label zu kennzeichnen. Die Sondertasten Escape und Return werden hierbei durch den Vorwärtsschrägstrich (/) bzw. die sogenannte Tilde (~) dargestellt. Das Makro \A wird in der Zelle A21 erstellt mit:

<F5> {Festlegen des Makros}
Sprung-Zelladresse angeben: **A21 <Return>**
'/FSAblage~B <Return>
<Escape> {Benennen des Makros}
Range
Name
Create
Name eingeben: **\A <Return>**
Label-Bereich eingeben: **A21 <Return>**
<→><→> {Eingabe eines Hinweises}
Sichern in Tabelle Ablage <Return>

Starten eines Makros

Ein Makro wird über seinen Namen in der Form:

<Alt + zugehöriger Buchstabe>

gestartet.

Beispielsweise startet man das Makro \A aus dem Arbeitsblatt Polynom3 durch das gleichzeitige Drücken der Alt-Taste und der Taste für den Buchstaben A.

◆ Aufgabe 2-11: Laden einer zwischengespeicherten Tabelle

Mit einem Makro \L soll das mit dem Makro \A zwischengespeicherte Arbeitsblatt zurückgeholt werden. Man schreibe das Makro in die Zelle A23 und eine passende Bemerkung in die Zelle C 23.

☞ *Hinweis: Makro \0 mit automatischem Aufruf*

Ein Makro mit dem speziellen Namen \0 in einer Tabelle wird beim Laden dieser Tabelle automatisch aufgerufen. Mit einem solchen Makro können Anfangseinstellungen vorgenommen werden, ohne daß der Anwender hierfür spezielle Eingaben zu tätigen hat. Ein Aufruf des Makros mit <Alt+0> während des Arbeitens mit der Tabelle ist nicht möglich. Durch die Vergabe eines weiteren Namens für das Makro läßt sich ein solcher Aufruf realisieren.

Im Beispiel 2-18 wurde bereits daraufhingewiesen, daß in einem Makro das Drücken der Return-Taste durch die Tilde (~) darzustellen ist. Man muß bei einer Reihe von Sondertasten entsprechend verfahren, indem man diese Tasten durch Makro-Formulierungen umschreibt, die in geschweifte Klammern zu setzen sind. Eine vollständige Übersicht dieser Umschreibungen ist in der folgenden Tabelle angegeben.

Umschreibung	Sondertaste	Wirkung
~	Return	Abschluß einer Eingabe
{Down}	Pfeil ab	Zellzeiger eine Zeile nach unten
{Up}	Pfeil unten	Zellzeiger eine Zeile nach oben
{Right}	Pfeil rechts	Zellzeiger eine Spalte nach rechts
{Left}	Pfeil links	Zellzeiger eine Spalte nach links
{PgDn}	PgDn	Bildschirm um 20 Zeilen nach unten
{PgUp}	PgUp	Bildschirm um 20 Zeilen nach oben
{Home}	Home	Zellzeiger an den Tabellenanfang
{End}	End	Benutzung in Kombination mit Pfeiltasten
{Del}	Del	Löschen eines Zeichens
{Esc}	Esc	Verlassen eines Menüs
{Bs}	BkSp	Cursor ein Zeichen zurück
{Edit}	F2	Aktivieren des Editiermodus
{Name}	F3	Anzeige aller Bereichsnamen
{Abs}	F4	Absolute Adresse
{Goto}	F5	Sprung zu einer anderen Zelle
{Windows}	F6	Wechsel des Fensters
{Query}	F7	Wiederholung einer Datensuche
{Table}	F8	Aktualisieren einer Datei
{Calc}	F9	Neuberechnung einer Tabelle
{Graph}	F10	Anzeigen einer Grafik
{?}		Unterbrechung für Tastatur-Eingabe

☞ *Hinweis: Sondertaste Escape*

Für die Escape-Taste sind in einem Makro zwei Umschreibungen mit unterschiedlicher Wirkung vorgesehen, und zwar

- / für den Aufruf des Hauptmenüs und
- {Esc} für das Verlassen eines beliebigen Menüs.

☞ *Hinweis: Tastatur-Eingaben*

Sind beim Ablauf eines Makros Benutzereingaben über die Tastatur erforderlich, so kann mit der Umschreibung {?} eine Unterbrechung im Ablauf des Makros vorgesehen werden. Nach der Eingabe durch den Benutzer wird das Makro automatisch fortgesetzt.

■ Beispiel 2-19: Unterbrechen des Abarbeiten eines Makros

Die im Beispiel 2-18 und in der Aufgabe 2-11 erstellten Makros \A bzw. \L sind in der Weise zu ändern, daß das Sichern und Laden mit einer Tabelle erfolgen soll, deren Name vom Benutzer über die Tastatur eingegeben wird.

Offensichtlich hat man in den bereits existierenden Makros anstelle des festen Tabellennamens Ablage die Makroform {?} für die Tastatureingabe eines beliebigen Namens einzusetzen, so daß sich ergibt:

- Makro \A mit '/FS{?}~B in Zelle A21 und
- Makro \L mit '/FR{?}~ in Zelle A23.

☞ *Hinweis: Abbrechen eines Makros*

Das Abarbeiten eines Makros kann bei jeder Unterbrechung mit {?} durch das Drücken der beiden Tasten Ctrl+Break abgebrochen werden. Im Anschluß an einen solchen Abbruch eines Makros befindet sich das System im BEREIT-Modus.

Die Tabelle SinusTab kann sehr einfach für die Anwendung auf eine beliebige andere Funktion abgeändert werden. Man geht dabei wie folgt vor:

- Editieren der Überschrift in der Zelle A1,
- Eingabe des Labels 'Funktion f(x) =' in die Zelle A4,
- Benennen des Bereichs B4 mit X für die Variable der Funktion,
- Festlegen des Text-Formats für die Zelle C4,
- Eingabe der Beziehung für f(x) als Label in WAF-Schreibweise in die Zelle C4,
- Kopieren der Zelle C4 in den Bereich G2..G52 für f(x),
- Festlegen eines Festkomma-Zahlenformats für den Bereich G2..G52 und
- Abspeichern unter dem neuen Namen FunkTab.

Für die Wertetabelle der Sinus-Funktion ergibt sich nach dem Kopieren der Zelle C4 in die Spalte für die Werte von f(x) die folgende Tabelle.

```
    A        B        C        D        E        F        G
1  Wertetabelle einer Funktion                   x       f(x)
2  ==========================                 0.0000 @SIN(F2)
3                                             0.1300 @SIN(F3)
4  Funktion f(x) =   @SIN(X)                  0.2600 @SIN(F4)
5                                             0.3900 @SIN(F5)
6                                             0.5200 @SIN(F6)
7    Untere Grenze =      0.00                0.6500 @SIN(F7)
8    Obere Grenze  =      6.28                0.7800 @SIN(F8)
9                                             0.9100 @SIN(F9)
10                                            1.0400 @SIN(F10)
11 Anzahl der Stützstellen =        51        1.1700 @SIN(F11)
12 Schrittweite            =      0.13        1.3000 @SIN(F12)
13                                            1.4300 @SIN(F13)
14                                            1.5600 @SIN(F14)
15                                            1.6900 @SIN(F15)
16                                            1.8200 @SIN(F16)
17                                            1.9500 @SIN(F17)
18                                            2.0800 @SIN(F18)
19                                            2.2100 @SIN(F19)
20                                            2.3400 @SIN(F20)
```

Bild 2-20: Wertetabelle mit beliebiger Funktion

Damit in der Tabelle die tatsächlichen Funktionswerte anstelle der Formeln stehen, muß die Darstellung der Zellinhalte in diesem Bereich vom Textformat in ein geeignetes Zahlenformat erfolgen. Vereinbart man hierfür ein Zahlenformat mit vier Nachkommastellen ergeben sich die gleichen Werte wie in der Ausgangstabelle SinusTab.

Gibt man in die Zelle C4 eine andere Funktionsbeziehung ein, kopiert diese in den Bereich für f(x) und wandelt dort die Darstellung in ein Zahlenformat um, so erhält man in wenigen Schritten die Wertetabelle für die neue Funktion.

Noch einfacher wird das Erstellen einer neuen Wertetabelle, wenn man die erforderlichen Einzelschritte mit Hilfe eines Makros realisiert. Im Beispiel 2-20 wird hierfür ein geeignetes Makro erstellt.

■ Beispiel 2-20: Erstellen eines mehrzeiligen Makros

Für die Tabelle FunkTab ist ein Makro zu entwickeln, mit dem die Neueingabe einer Funktion, die Berechnung der zugehörigen Funktionswerte und das Sichern der geänderten Tabelle durchgeführt werden können. Das Makro soll in der Zelle A23 beginnen und den Bereichsnamen \F erhalten. Durch Kommentare in der Spalte C ist die Lesbarkeit des Makros zu verbessern. Das um das Makro erweiterte Arbeitsblatt ist unter dem gleichen Namen FunkTab zu speichern. Ferner teste man das Makro für die Funktion: $y = f(x) = 1 + e^{-x}$.

Nach dem Laden der Tabelle FunkTab, der Eingabe und des Tests des Makros erhält man das folgende Arbeitsblatt:

```
  ====A=====B=====C=====D=====E=====F=====G==
21 Makro: Funktion festlegen          2.47  1.0846
22 ========================           2.60  1.0743
23 {Goto}C4~         Ändern der Funktion f(x)   2.73  1.0652
24 {Edit}                             2.86  1.0573
25 {?}~                               2.99  1.0503
26 {Home}            Zellzeiger Tabellenanfang  3.12  1.0442
27 /C                Kopieren der Funktion f(x) 3.25  1.0388
28 C4~                                3.38  1.0340
29 G2..G52~                           3.51  1.0299
30 /RFF              Ändern des Formats für f(x) 3.64  1.0263
31 4~                                 3.77  1.0231
32 G2..G52~                           3.90  1.0202
33 /RP               Schutz der Werte für f(x)  4.03  1.0178
34 G2..G52~                           4.16  1.0156
35 /FS               Sichern der Tabelle        4.29  1.0137
36 {?}~B                              4.42  1.0120
37                                    4.55  1.0106
38                                    4.68  1.0093
39                                    4.81  1.0081
40                                    4.94  1.0072
```

Bild 2-21: Makro für beliebige Funktionstabelle

Prinzipiell sollte man bei der Entwicklung von Makros für Tabellen genauso sorgfältig und systematisch wie beim Erstellen von Programmen in einer Hochsprache vorgehen. Das System WAF bietet für den Test von Makros die Möglichkeit, ein Makro schrittweise ausführen zu lassen, so daß der Anwender die einzelnen Anweisungen und Befehle verfolgen und kontrollieren kann. Der Test eines Makros im sogenannten STEP-Modus läuft in folgenden Phasen ab:

- Aktivieren des STEP-Modus durch Drücken der Tasten <Alt+F1>,
- Starten des zu testenden Makros mit <Alt+Buchstabe>,
- schrittweises Ausführen des Makros durch wiederholtes Drücken der Leertaste und
- Deaktivieren des STEP-Modus durch Drücken der Tasten <Alt+F1>.

☞ *Hinweis: Anzeige beim Arbeiten im STEP-Modus*

Auf den aktivierten STEP-Modus wird durch die Anzeige STEP am linken unteren Bildschirmrand hingewiesen.

◆ Aufgabe 2-12: Simpson-Regel für beliebigen Integranden

Analog zum Beispiel 2-20 ist die Tabelle Simpson mit Hilfe eines geeigneten Makros \S so zu erweitern, daß die näherungsweise Berechnung eines bestimmten Integrals für einen beliebigen Integranden nach der Simpson-Regel möglich ist.

Neben den bisher besprochenen Möglichkeiten zur Formulierung von Makros durch die Angabe von Tastatureingaben und Umschreibungen für Sondertasten können in WAF eine Reihe spezieller Makro-Befehle verwendet werden. Diese Befehle erlauben eine Programmierung von Makros ähnlich einer Programmerstellung in einer höheren Programmiersprache, wie z.B. in Turbo Pascal oder Basic. Im einzelnen stehen folgende Makro-Befehle zur Verfügung:

- /XC Aufruf eines Makros aus einem anderen Makro,
- /XG Fortsetzung eines Makros an einer anderen Stelle,
- /XI Verzweigung in einem Makro aufgrund einer Bedingung,
- /XL Eingabe eines Textes in eine Zelle,
- /XM Arbeiten mit einem Makro-Menü,
- /XN Eingabe eines numerischen Wertes in eine Zelle,
- /XQ Beenden des Arbeitens mit einem Makro und
- /XR Rücksprung aus einem Makro in das aufrufende Makro.

☞ *Hinweis: Anwendung von Makro-Befehlen*

Die oben angegebenen Makrobefehle können nur in Makros benutzt werden. Ihre Anwendung beim 'normalen' Arbeiten mit einer WAF-Tabelle führt zu Fehlern.

Im weiteren sollen die verschiedenen Makrobefehle näher behandelt und anhand von Beispielen veranschaulicht werden.

Makro-Befehl /XL: Dialogeingabe eines Textes

Der Befehl /XL hat die allgemeine Form:

/XLHinweis~Zelle~

und erlaubt nach Ausgabe eines Hinweises die Eingabe eines Labels in die angegebene Zelle, dabei wird der vorgegebene Hinweis zur Information des Anwenders im Bedienfeld des Arbeitsblattes angezeigt. Es kann eine Zeichenfolge mit einer maximalen Länge von 240 Zeichen eingegeben werden. Die Eingabe ist durch Drücken der Return-Taste abzuschließen.

Makro-Befehl /XN: Dialogeingabe eines numerischen Wertes

Analog zum Befehl XL können mit dem Befehl /XN:

/XNHinweis~Zelle~

im Dialog numerische Werte, die maximal 240 Zeichen lang sein dürfen, in die angegebene Zelle eingegeben werden. Hierbei sind Zahlenwerte, Formeln, Funktionen, Zellverweise und Einzelzellbereiche einschließlich von Bereichsnamen zulässig.

☞ *Hinweis: Eingabe in einen Zellbereich*

Bei den Befehlen /XL und /XN kann anstelle einer Zelle auch ein Zellbereich angegeben werden. Der eingegebene Text bzw. numerischer Wert wird dann der linken oberen Zelle des Zellbereichs zugeordnet.

■ Beispiel 2-21: Eingabe numerischer Werte

Das im voraufgegangenen Beispiel erstellte Makro \F ist in mehrere kleinere Makros aufzuspalten bzw. zu ergänzen, so daß letzlich vier Makros für folgende Anwendungen:

- Festlegen einer Funktion,
- Festlegen der Intervallgrenzen,
- Anzeigen des Grafs der Funktion und
- Sichern des Arbeitsblattes

in einer neuen Tabelle FunkGraf zur Verfügung stehen. Die vorgesehenen Festlegungen von Funktionen und Intervallgrenzen sind mit Hilfe der Makro-Befehle zu realisieren.

Eine mögliche Lösung der obigen Aufgabenstellung stellt die folgende Tabelle dar.

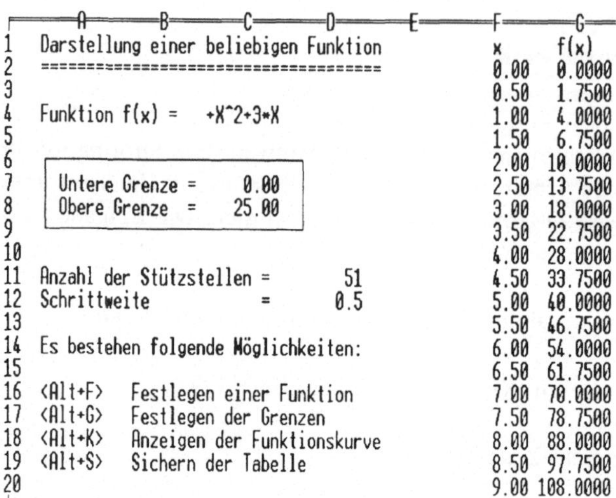

	A	B	C	D	E	F	G
1	Darstellung einer beliebigen Funktion					x	f(x)
2	====================================					0.00	0.0000
3						0.50	1.7500
4	Funktion f(x) =		+X^2+3*X			1.00	4.0000
5						1.50	6.7500
6						2.00	10.0000
7	Untere Grenze =		0.00			2.50	13.7500
8	Obere Grenze =		25.00			3.00	18.0000
9						3.50	22.7500
10						4.00	28.0000
11	Anzahl der Stützstellen =			51		4.50	33.7500
12	Schrittweite =			0.5		5.00	40.0000
13						5.50	46.7500
14	Es bestehen folgende Möglichkeiten:					6.00	54.0000
15						6.50	61.7500
16	<Alt+F> Festlegen einer Funktion					7.00	70.0000
17	<Alt+G> Festlegen der Grenzen					7.50	78.7500
18	<Alt+K> Anzeigen der Funktionskurve					8.00	88.0000
19	<Alt+S> Sichern der Tabelle					8.50	97.7500
20						9.00	108.0000

Bild 2-22: Arbeitsblatt mit mehreren Makros

◆ Aufgabe 2-13: Simpson-Regel für beliebige Anwendungen

Die Tabelle Simpson aus Aufgabe 2-12 ist so umzustellen, daß beliebige bestimmte Integrale näherungsweise berechnet werden können. Man sehe hierfür drei Makros vor, und zwar mit folgenden Wirkungen:

- Integrand festlegen,
- Integrationsgrenzen eingeben und
- Arbeitsblatt sichern.

Man gehe wie im voraufgegangenen Beispiel vor und speichere die Tabelle unter dem Namen SimpAllg ab.

Der Makro-Befehl /XM erlaubt des Erstellen eigener Menüs mit maximal acht Optionen. Die Auswahl einer Option erfolgt durch die Eingabe ihres Anfangsbuchstabens bzw. durch die Auswahl mit dem Cursor. Es können auch Menüs ineinander geschachtelt werden, so daß man mit Untermenüs arbeiten kann.

Makro-Befehl /XM: Vereinbaren und Aufruf eines Menüs

Die Festlegung eines Menüs erfolgt in einem sogenannten Menübereich, der aus mindestens zwei Zeilen und maximal acht aufeinanderfolgenden Spalten besteht. In der ersten Zeile stehen die eigentlichen Optionsnamen und in der zweiten Zeile zugehörige nähere Erläuterungen. Die weiteren Zeilen enthalten die jeweils auszuführenden Makros. Die rechte Nachbarzelle der letzten Makro-Option muß dabei leer sein.

Der Aufruf eines Menüs erfolgt mit dem Befehl:

/XMAdresse~

Dabei wird mit der Adresse die linke obere Eckzelle des Menübereichs angegeben, und zwar als Zelladresse, Bereich oder Bereichsname. Anschließend werden die Optionen in der Informationszeile und die Erläuterungen in der Hinweiszeile des Arbeitsblattes angezeigt.

☞ *Hinweis: Namen von Optionen*

Da ein Menüpunkt durch den Anfangsbuchstaben der zugehörigen Option aufgerufen werden kann, sind die Optionsnamen mit unterschiedlichen Anfangsbuchstaben festzulegen.

☞ *Hinweis: Abbruch eines Menüs*

Ein selbstdefiniertes Menü kann durch Drücken der Escape-Taste abgebrochen werden.

■ Beispiel 2-22: Arbeiten mit einem Menü

Die Auswahl der im Beispiel 2-21 vereinbarten Makros erfolge über ein Menü \M, das aus Gründen der besseren Lesbarkeit in den Spalten H bis K in der neuen Tabelle FunkMenu vereinbart ist. Dieses Menü soll nach dem Laden der Tabelle automatisch gestartet und nach Beendigung eines Option-Makros erneut angezeigt werden. Um das Menü zu beenden, ist in der Spalte L eine weitere Option zum Abbrechen und zur Rückkehr nach MS-DOS vorzusehen.

Die neue Tabelle ergibt sich im wesentlichen aus den Schritten:

- Anlegen eines Makros zum Aufruf des Menüs,
- Festlegen der Optionen und Erläuterungen in den ersten beiden Zeilen des Menübereichs,
- Verschieben der Makros unter die zugehörigen Optionen und
- Erstellen des neuen Option-Makros für das Beenden des Menüs.

Die Realisierung des Menüs erfolgt im Bereich H1..L17 in der untenstehenden Form.

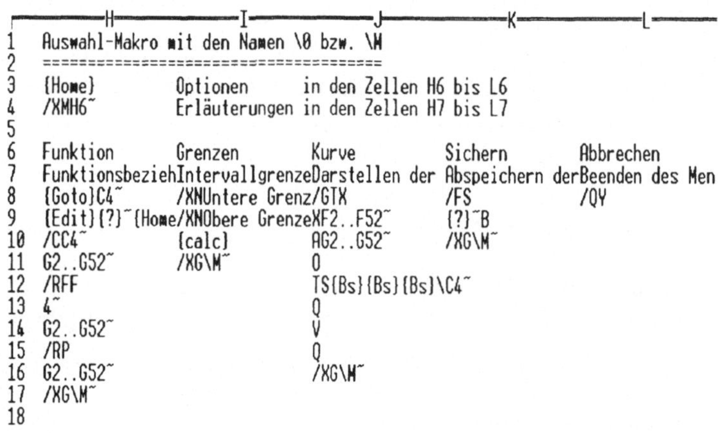

```
   ---------H------------I------------J------------K------------L------
1   Auswahl-Makro mit den Namen \0 bzw. \M
2   ====================================
3   {Home}       Optionen     in den Zellen H6 bis L6
4   /XMH6~       Erläuterungen in den Zellen H7 bis L7
5
6   Funktion     Grenzen      Kurve        Sichern      Abbrechen
7   FunktionsbeziehIntervallgrenzeDarstellen der Abspeichern derBeenden des Men
8   {Goto}C4~    /XNUntere Grenz/GTX       /FS          /QY
9   {Edit}{?}~{Home/XNObere GrenzeXF2..F52~  {?}~B
10  /CC4~        {calc}       AG2..G52~    /XG\M~
11  G2..G52~     /XG\M~       0
12  /RFF                      TS{Bs}{Bs}{Bs}\C4~
13  4~                        Q
14  G2..G52~                  V
15  /RP                       Q
16  G2..G52~                  /XG\M~
17  /XG\M~
18
```

Bild 2-23: Makro-Menü für Funktionstabelle

Die im Menü vereinbarten Optionen werden solange zur Auswahl angeboten, bis der Menüpunkt Beenden gewählt wird. Man hat somit die Möglichkeit im Dialog eine optimale Darstellung für eine zu untersuchende Funktion zu finden.

☞ *Hinweis: Wiederholung eines Menüs*

Soll ein Menü in einem Arbeitsblatt beliebig oft wiederholt werden, so kann man dies mit dem Befehl /XG realisieren, indem man an den Anfang des Menübereichs zurück springt. Durch die Vorgabe einer Option zum Abbrechen des Menüs wird eine Endlosschleife vermieden.

Makro-Befehl /XG: Unbedingter Sprung

Ein unbedingter Sprung zu einer Zelle eines Arbeitsblatts, d.h. ein Setzen des Zellzeigers in diese Zelle unabhängig vom Erfülltsein einer Bedingung, erfolgt durch den Aufruf:

/XGAdresse~

Als Adresse kann eine Zelladresse, ein Bereich, ein Bereichs- oder Makroname gewählt werden.

◆ Aufgabe 2-14: Numerische Integration mit Menü-Auswahl

Für die numerische Integration nach der Simpson-Regel ist ein geeignetes Menü-Makro zu entwickeln. Man gehe dabei von der Tabelle SimpAllg aus und wandle sie - analog zum Beispiel 2-22 - in eine neue Tabelle SimpMenu um. Das Beenden des Menüs erfolge mit dem Makro-Befehl /XQ, der einen Rücksprung in den BEREIT-Modus bewirkt.

☞ *Hinweis: Arbeiten mit Untermakros*

Mit den Befehlen /XC und /XR wird unter WAF die in anderen Programmiersprachen übliche Unterprogrammtechnik angewandt. So bewirken die Befehlsaufrufe:

- /XCAdresse~ den Aufruf eines sogenannten Untermakros, das in der angegebenen Adresse beginnt, und
- /XR den Rücksprung in das aufrufende Makro, und zwar unter die auf den Aufruf mit /XC folgende Zelle.

Die beiden Befehle /XC und /XR entsprechen beispielsweise in der Programmiersprache Basic den Befehlen GOSUB und RETURN.

Obwohl das Arbeiten mit Untermakros sehr zu empfehlen ist, muß im Rahmen dieses Buches auf eine weitere Besprechung der obigen Befehle verzichtet werden. Dies gilt ebenso für den Befehl /XI, der aufgerufen wird mit:

/XIBedingung~Anweisung~

und eine sogenannte bedingte Anweisung bewirkt. Die angegebene Anweisung kann aus mehreren Befehlen bestehen und wird nur ausgeführt, falls die Bedingung erfüllt ist. Ansonsten wird die Anweisung ignoriert, und das Makro sofort mit der darunterliegenden Zelle fortgesetzt.

Neben dem bereits besprochenen automatischen Start eines Makros nach dem Laden einer Tabelle, kann man in WAF eine Tabelle mit dem Namen AUTOWAF vereinbaren, die automatisch nach dem Programmstart von WAF geladen wird. Nach dem Laden dieser Tabelle, die sich im aktuellen Dateiverzeichnis befinden muß, geht WAF in den BEREIT-Modus. In Kombination mit einem zugehörigen Makro mit dem Namen \0 erfolgt automatisch dessen Start. Bei einer häufig benutzten Tabelle ermöglicht eine solche Vorgehensweise ein besonders einfaches und schnelles Arbeiten. Die AUTOWAF.WKS-Datei entspricht der AUTOEXEC.BAT-Datei in MS-DOS bzw. der AUTO123.WKS-Datei unter LOTUS.

☞ *Hinweis: Automatisches Laden einer AUTO123-Datei*

Eine unter LOTUS erstellte AUTO123-Datei wird von WAF ebenfalls erkannt und beim Programmstart automatisch geladen.

2.5 Erstellen und Auswerten von Dateien

In diesem Kapitel soll das Arbeiten mit technischen Dateien und dabei speziell deren Erstellung und Auswertung mit Hilfe des WAF-Befehls Data behandelt werden. Bei den hier zu besprechenden Dateien handelt es sich um relationale Dateien, da sie in Tabellenform vorliegen. Dabei besteht eine solche Datei aus einer Vielzahl von Daten, die in Zeilen und Spalten angeordnet sind. Eine Zeile stellt einen Datensatz in der Datei dar und enthält i.a. Daten von unterschiedlichem Datentyp. Die Daten in einer Spalte sind alle vom gleichen Datentyp. Durch die Spalten - oder auch Felder genannt - wird die Struktur einer Datei festgelegt. Eine Datenbank besteht aus mehreren Dateien, die in einem bestimmten Zusammenhang stehen. Beispielsweise besteht eine Datenbank für ein Lagerverwaltungssystem u.a. aus Dateien für die Artikelstammdaten und Buchungsdaten für Zugänge und Abgänge im Lager. Ein Datensatz in der Artikelstammdatei stellt einen Artikel dar und enthält als Werte die Artikel-Nummer, die Artikel-Bezeichnung, den Lagerort, den Einzel-Preis und Mindestbestand.

In WAF erfolgt die Darstellung einer Datei in einem Tabellenbereich, in dessen erster Zeile die Namen der einzelnen Felder der Datei stehen. Die Zeilen darunter stellen jeweils einen Datensatz dar. Die Kapazität einer solchen Datei hängt von der Größe des Arbeitsspeichers und des Arbeitsblattes ab. Maximal kann eine Datei 256 Felder (Spalten) und 9998 Datensätze (Zeilen) enthalten. Die Anwendung einer Tabellenkalkulation ist somit nur für kleine und mittlere Datenbanken geeignet.

☞ *Hinweis: Größe einer Datei für die WAF-Demoversion*

Aufgrund der allgemeinen Spalten- und Zeilen-Beschränkungen für die WAF-Demoversion können mit dieser nur Dateien mit maximal 26 Feldern und 99 Datensätzen bearbeitet werden.

Die Festlegung einer Datei in WAF erfolgt durch die Eingabe von eindeutigen Feldnamen in die erste Zeile des zugehörigen Arbeitsblattbereiches. Hierbei müssen die Feldnamen Labels sein und dürfen am Anfang und Ende kein Leerzeichen haben. Die Werte für die Datensätze können von unterschiedlichem Datentyp sein und werden einzeln eingegeben oder z.B. mit der Data-Option Fill berechnet.

Befehl Data: Arbeiten mit Dateien

Mit dem Befehl Data sind folgende Möglichkeiten:

– Fill	Auffüllen einer Datei mit Zahlen,
– Table	Variantenberechnung von Dateien,
– Sort	Sortieren einer Datei,
– Query	Auswählen von Daten und
– Distribution	Ermitteln von Häufigkeitsverteilungen

für das Arbeiten mit Dateien unter WAf gegeben.

Data-Option Fill: Dateibereich mit Zahlen auffüllen

Diese Option des Data-Befehls ermöglicht das Auffüllen von Bereichen einer Datei mit auf- oder absteigenden Zahlenwerten ab einem Anfangswert bis zu einem Endwert und in Schritten von einer festen Schrittweite. Die Festlegung des Füllbereichs, des Anfangs- und Endwerts und der Schrittweite erfolgt im Dialog. Nach Wahl der Option Fill ist zunächst auf die Auforderung:

Füllbereich eingeben:

der mit Zahlen zu überschreibende Tabellenbereich festzulegen. Anschließend erfolgt auf die Vorgabe von Null für den Anfangswert:

Start: 0

die Eingabe des Anfangswerts und entsprechend auf die Meldung:

Schritt: 1

die der Schrittweite. Die Eingabe des Endwerts mit:

Stop: 9999

ist nur erforderlich, falls die Zahlenfolge nicht über den gesamten festgelegten Dateibereich gehen soll, ansonsten kann der Vorgabewert von 9999 bestätigt werden.

Data-Option Table: Variantenberechnung von Dateien

Hiermit können Dateien, deren Werte sich aufgrund von einer oder zwei Größen ergeben, für verschiedene Werte dieser Größen erstellt werden, d.h., in den Zeilen der so ermittelten Dateien stehen Varianten für verschiedene Werte der Eingangsgrößen. Nach Wahl der Option bestehen folgende Möglichkeiten:

- 1 — Ermitteln von Dateiwerten für mehrere Formeln in Abhängigkeit von einer Eingangsgröße,
- 2 — Ermitteln von Dateiwerten für eine Formel in Abhängigkeit von zwei Eingangsgrößen,
- Reset — Löschen der aktuellen Festlegungen und
- Update — Aktualisieren der Tabelle für neue Festlegungen.

Funktionstaste F8: Aktualisieren einer Datei

Die Funktionstaste entspricht in ihrer Wirkung der Table-Option Update, d.h., nach Drücken der Funktionstaste F8 wird für eine neue Eingangsgröße die Datei aktualisiert.

Table-Option 1: Ermitteln einer Tabelle in Abhängigkeit von einer Größe

Diese Option ermöglicht das Erstellen einer Datei mit Werten, die sich aus einer oder mehreren Formeln $F_1(X)$, $F_2(X)$, ... $F_m(X)$ in Abhängigkeit von einer Eingangsgröße X ergeben. Die so erstellte Datei hat die Form:

$$\begin{array}{lllll} X & F_1(X) & F_2(X) & \ldots & F_m(X) \\ X_1 & F_1(X_1) & F_2(X_1) & \ldots & F_m(X_1) \\ X_2 & F_1(X_2) & F_2(X_2) & \ldots & F_m(X_2) \\ X_3 & F_1(X_3) & F_2(X_3) & \ldots & F_m(X_3) \\ : & : & : & \ldots & : \\ X_n & F_1(X_n) & F_2(X_n) & \ldots & F_m(X_n) \end{array}$$

In der ersten Zeile der Datei stehen als Feldnamen die Formeln $F_1(X)$ bis $F_m(X)$, deren Werte für die verschiedenen Varianten X_1 bis X_n der Eingangsgrößen X ermittelt und in die Datei übernommen werden. Anstelle der Formeln können auch die entsprechenden Adressen der Zellen angegeben werden, in denen die Formeln stehen.

Nachdem die Formeln und die verschiedenen Werte für die Eingangsgröße eingegeben sind, kann die Table-Option 1 gewählt werden. Anschließend erfolgt mit:

Tabellenbereich eingeben:

die Festlegung des zu ermittelnden Dateibereichs und mit:

Eingabezelle eingeben:

die Vereinbarung der Eingangsgröße X.

Sind die Formeln von weiteren Größen als X abhängig, so kann durch die Neueingabe dieser Größen und anschließendes Drücken der Funktionstaste F8 die Datei neu berechnet werden.

■ Beispiel 2-23: Erstellen einer Datei mit einer Eingangsgröße

Ein Gleitlager - wie in Bild 2-24 abgebildet - wird durch eine Radialkraft F_r = 16 kN und eine Axialkraft F_a = 7.5 kN belastet. Das Bauverhältnis *l*/d soll ungefähr 1.2 betragen. Die zulässige Flächenpressung pzul ist 6 N/mm^2. Mit Hilfe einer WAF-Tabelle ermittle man die Werte für

- die Durchmesser d und D in mm und
- die Zapfenlänge *l* in mm.

Man stelle diese Werte in einer Tabelle für verschiedene Bauverhältnisse *l*/d dar, und zwar für alle Verhältnisse von 1.0 bis 2.5 in Schritten von 0.1.

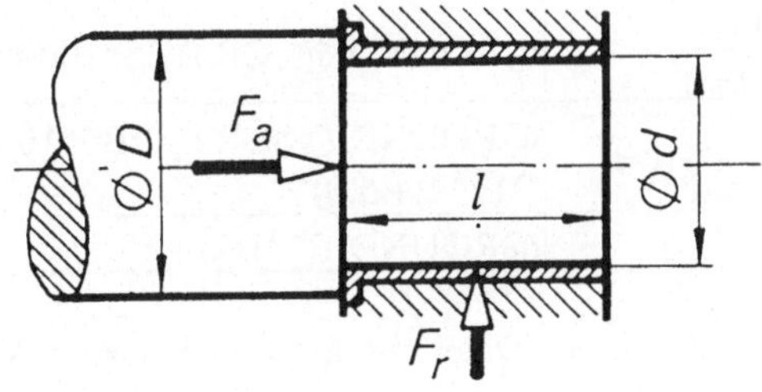

Bild 2-24: Gleitlager mit Axial- und Radialkraft

Das folgende Arbeitsblatt erfüllt die obige Aufgabenstallung und ist unter dem Namen GleitLa abgespeichert.

```
   ----------A-----------B-------C-------D-------E-----F-----G-----
1  Gleitlagerberechnung
2  ====================
3                                       l/d      d     D     l (mm)
4  Gegebene Werte:                           +B12  +B13  +B14
5  Radialkraft   Fr   =     16 kN         1     52    66    53
6  Axialkraft    Fa   =    7.5 kN       1.1     50    64    56
7  Bauverhältnis l/d  ≈    1.2          1.2     48    63    58
8  zul. Flächen-                        1.3     46    61    60
9  pressung      pzul =      6 N/mm^2   1.4     44    60    62
10                                      1.5     43    59    65
11 Ermittelte Werte:                    1.6     41    58    66
12 Durchmesser d =         48 mm        1.7     40    57    69
13 Durchmesser D =         63 mm        1.8     39    56    71
14 Zapfenlänge l =         58 mm        1.9     38    56    73
15                                        2     37    55    75
16                                      2.1     36    54    76
17 Neuberechnung der Tabelle mit <F8>   2.2     35    54    78
18                                      2.3     35    54    81
19                                      2.4     34    53    82
20                                      2.5     33    52    83
```

Bild 2-25: Arbeitsblatt GleitLa zur Berechnung von Gleitlagern

Die Berechnung der gesuchten Größen d, D und *l* erfolgt in den Zellen B12, B13 und B14. Es werden zunächst die für d, D und *l* erforderlichen Werte ermittelt, die dann zur nächstgrößeren ganzen Zahl aufzurunden sind. Die Realisierung ist in der untenstehenden Übersicht dargestellt.

Zelle:	Formel:	Eintrag in der Zelle:
B12	$d_{erf} = \sqrt{\frac{F_r}{l/d \cdot p_{zul}}}$	@ROUND(@SQRT(B5*1000/(B7*B9))+.5,0)
B13	$D_{erf} = \sqrt{\frac{4 \cdot F_a}{\pi \cdot p_{zul}} + d^2}$	@ROUND(@SQRT(4*B6*1000/(@PI*B9)+ B12^2)+.5,0)
B14	$l = l/d \cdot d$	@ROUND(B7*B12+.5,0)

Die Festlegung und Berechnung der Datei mit den verschiedenen Varianten von d, D und *l* für unterschiedliche Bauverhältnisse erfolgen mit den Eingaben:

<Escape>
Data {Füllen der Variablenspalte
Fill mit den Werten für *l*/d}
Füllbereich eingeben: **D5..D20 <Return>**

Start: **1 <Return>**
Schritt: **0.1 <Return>**
Stop: 9999**<Return>**
<F5> {Eingabe der Zelladressen
Sprung-Zelladresse eingeben: **E4 <Return>** der Formeln
+B12 <→> zur Berechnung von d, D und *l*
+B13 <→> in die erste Zeile der Tabelle}
+ B14 <Return>
Data {Definieren des Tabellenbereichs und
Table der Eingabezelle}
1
Tabellenbereich eingeben: **D4..G20 <Return>**
Eingabezelle 1 eingeben: **B7 <Return>**

Nach der Eingabe neuer Kräfte oder Flächenpressungen kann die Tabelle durch Drücken der Funktionstaste F8 sehr einfach aktualisiert werden. Die neuen Lösungsvarianten für die gesuchten Größen ergeben sich quasi auf 'Knopfdruck'.

☞ *Hinweis: Neuberechnung einer Datei bei eingeschaltetem Zellschutz*

Ist für eine Tabelle mit den Optionen Global und Protection des Befehls Worksheet ein globaler Zellschutz vereinbart worden, so müssen die Zellen der Datei als ungeschützt definiert werden, da sonst eine Neuberechnung der Tabelle nicht möglich ist.

Die Optionen Fill und Table können auch zum Erstellen von Wertetabellen für Funktionen benutzt werden. Dabei wird durch die Anwendung von Fill die Spalte für die x-Werte der Tabelle und mit Table die der zugehörigen y-Werte ermittelt. Unmittelbar über einer solchen Wertetabelle ist vorher eine zusätzliche Zeile mit der jeweiligen Funktionsbeziehung vorzusehen. Am Beispiel der Wertetabelle für eine beliebige Funktion, wie sie im Arbeitsblatt FunkMenu behandelt wurde, soll die prinzipielle Vorgehensweise verdeutlicht werden.

■ Beispiel 2-24: Erstellen einer Funktionstabelle als WAF-Datei

Die Wertetabelle für eine beliebige Funktion f(x) ist als WAF-Datei darzustellen. Ausgehend von dem Arbeitsblatt FunkMenu lege man für eine weiterhin feste Anzahl von 51 Stützstellen einen Tabellenbereich F2..G53 fest, der folgenden Aufbau besitzt:

- Zelle G2 für die Funktion f(x), die durch Kopieren aus der Eingabezelle C4 übernommen wird,
- Zellbereich F3..F53 für die mit Fill festzulegenden x-Werte und
- Zellbereich G3..G53 für die zugehörigen y-Werte, die mit Table und der Option 1 ermittelt werden.

Die in den Zellen C7, C8, D11 und D12 stehenden Werte für die untere und obere x-Grenze, die Anzahl der Stützstellen und der Schrittweite ergeben sich aus den x-Werten in den Zellen F3, F4 und F53. Ihre Berechnung läßt sich in der unten angegebenen Form realisieren.

Zelle	Größe	Eintrag in Zelle
C7	Untere Grenze für x	+F3
C8	Obere Grenze für x	+F53
D11	Anzahl der Stützstellen	1+(F53-F3)/(F4-F3)
D12	Schrittweite	+F4-F3

Man erhält für die spezielle Funktion:

$$f(x) = x^3 \text{ mit } -6.5 \leq x \leq 6.5 \text{ und einer Schrittweite von } 0.25$$

nach Ausführung der oben angegebenen Schritte ein im Prinzip nur unwesentlich verändertes Arbeitsblatt, das unter dem Namen FunkTabl abgespeichert wird.

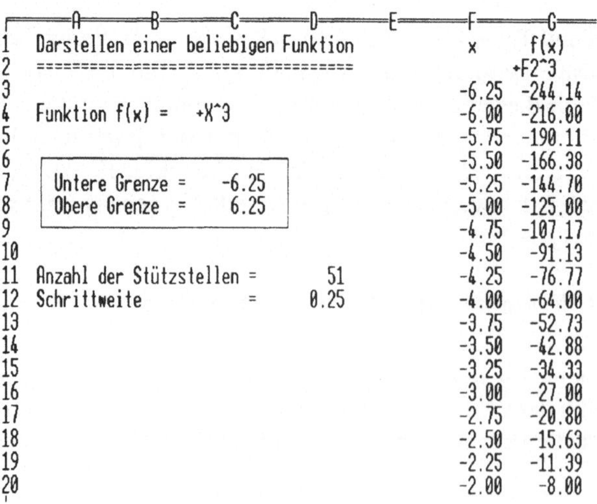

	A–D	F	G
1	Darstellen einer beliebigen Funktion	x	f(x)
2	==================================		+F2^3
3		-6.25	-244.14
4	Funktion f(x) = +X^3	-6.00	-216.00
5		-5.75	-190.11
6		-5.50	-166.38
7	Untere Grenze = -6.25	-5.25	-144.70
8	Obere Grenze = 6.25	-5.00	-125.00
9		-4.75	-107.17
10		-4.50	-91.13
11	Anzahl der Stützstellen = 51	-4.25	-76.77
12	Schrittweite = 0.25	-4.00	-64.00
13		-3.75	-52.73
14		-3.50	-42.88
15		-3.25	-34.33
16		-3.00	-27.00
17		-2.75	-20.80
18		-2.50	-15.63
19		-2.25	-11.39
20		-2.00	-8.00

Bild 2-26: Arbeitsblatt FunkTabl

Die Festlegung des Dateibereichs F2..G53 für die Wertetabelle wird nach dem Laden der Tabelle FunkMenu in folgender Weise durchgeführt:

<Escape> {Löschen der alten Wertetabelle}
Range
Erase
Löschbereich eingeben: **F2..G52 <Return>**
<Escape> {Kopieren der Funktion f(x) aus C4 nach G2}
Copy
Kopieren - QUELLbereich eingeben: **C4 <Return>**
Kopieren - ZIELbereich eingeben: **G2 <Return>**
<Escape> {Erstellen der Spalte für die x_Werte}
Data
Fill
Füllbereich eingeben: **F3..F53 <Return>**
Start: **-6.5 <Return>**
Schritt: **0.25 <Return>**
Stop: 9999 **<Return>**
<Escape> {Erstellen der Spalte für die f(x)-Werte}
Table
1
Tabellenbereich eingeben: **F2..G53 <Return>**
Eingabzelle eingeben: **F3 <Return>**

Damit das Auswahl-Makro \0 bzw. \M weiterhin verwendet werden kann, müssen die Menüpunkte Funktion, Grenzen und Kurve auf die neue Struktur des Arbeitsblattes angepaßt werden.

Der Menüpunkt Funktion zur Eingabe einer neuen Funktionsbeziehung besteht im wesentlichen aus den Schritten:

- Eingabe einer neuen Funktion f(x) in die Zelle C4,
- Kopieren der Funktion f(x) in die Zelle G2 und
- Neuberechnung der Tabelle.

Für den Menüpunkt Grenzen gilt:

Festlegen des Startwerts und der Schrittweite für x und
- Neuberechnung der Tabelle.

Im Menüpunkt Kurve sind die Datenbereiche für die x- und y-Achse auf die um eine Zeile nach unten verschobene Wertetabelle anzupassen.

Unter Berücksichtigung dieser Punkte ist als Lösung folgendes geändertes Makro möglich:

```
   ------H-----------I-----------J-----------K-----------L-----
1  Auswahl-Makro mit den Namen \0 bzw. \M
2  ======================================
3  {Home}         Optionen     in den Zellen H6 bis L6
4  /XMH6~         Erläuterungen in den Zellen H7 bis L7
5
6  Funktion       Grenzen      Kurve          Sichern        Abbrechen
7  FunktionsbeziehIntervallgrenzeDarstellen der Abspeichern derBeenden des Men
8  {Goto}C4~      /D           /GTX           /FS            /QY
9  {Edit}{?}~{Home/F~{?}~{?}~~  XF3..F53~      {?}~B
10 /CC4~          {Table}      AG3..G53~      /XG\M~
11 G2~            /XG\M~       0
12 /RPG2~                      TS{Bs}{Bs}{Bs}\C4~
13 {Table}                     Q
14 /XG\M~                      V
15                             Q
16                             /XG\M~
17
```

Bild 2-27: Auswahl-Menü für Funktionstabelle

☞ *Hinweis: Mehrspaltige Wertetabellen*

Wertetabellen für eine Funktion mit ihren Ableitungen können entsprechend erstellt werden. Man hat hierfür in der ersten Zeile des zugehörigen Tabellenbereichs in zusätzlichen Zellen die Beziehungen für die Ableitungen vorzusehen.

◆ Aufgabe 2-15: Numerische Integration mit Berechnungsdatei

Analog zu den im voraufgegangenen Beispiel durchgeführten Änderungen wandle man die Tabelle SimpMenu in eine Tabelle SimpTabl um, wobei die Tabelle für die numerische Ermittlung des gesuchten bestimmten Integrals als WAF-Datei zu erstellen ist.

Eine weitere Möglichkeit zum Erstellen von Tabellen ist durch die Option 2 der Data-Option Table gegeben. Man kann hier die Abhängigkeit einer Größe von zwei anderen Größen in Tabellenform darstellen.

Table-Option 2: Ermitteln einer Tabelle in Abhängigkeit von zwei Größen

Mit dieser Option kann eine Datei mit Werten für eine Funktion erstellt werden, die von zwei Eingangsgrößen X und Y abhängt. Für die verschiedenen Werte X_1, X_2, ..., X_n bzw. Y_1, Y_2, ..., Y_m ergibt sich dann die mit Option 2 erstellte Datei in der Form:

F(X,Y)	Y_1	Y_2	...	Y_m
X_1	$F(X_1,Y_1)$	$F(X_1,Y_2)$	...	$F(X_1,Y_m)$
X_2	$F(X_2,Y_1)$	$F(X_2,Y_2)$	...	$F(X_2,Y_m)$
X_3	$F(X_3,Y_1)$	$F(X_3,Y_2)$	...	$F(X_3,Y_m)$
:	:	:	...	:
X_n	$F(X_n,Y_1)$	$F(X_n,Y_2)$	...	$F(X_n,Y_m)$

Die linke obere Ecke des für die Datei vorgesehenen Tabellenbereichs enthält die jeweilige Formel. Anstelle der Formel kann auch die Adresse der Zelle angegeben werden, in der die Formel steht. In der ersten Dateispalte stehen die Werte der Größe X und in der ersten Zeile die der Größe Y. Anschließend erfolgt analog zur Option 1 die Festlegung der Datei.

■ Beispiel 2-25: Gleitlagertabelle für verschiedene Flächenpressungen

Die im Arbeitsblatt GleitLa erstellte Datei für d, D und *l* ist durch eine Datei zu ersetzen, die den gesuchten Durchmesser d in Abhängigkeit vom Bauverhältnis und drei verschiedenen Flächenpressungen angibt. Man vergleiche hierzu das Arbeitsblatt in Bild 2-28.

Man erhält diese Tabelle aus der bereits erstellten Tabelle GleitLa im wesentlichen durch folgendes Vorgehen:

- Einfügen und Ändern der Überschriften in der Zeile 2 bzw. 3,
- Festlegen der ersten Zeile des Dateibereichs durch das Festsetzen der Formel für d in der Zelle D4 und der Werte für pzul in den Zellen E4, F4 und G4 und
- Erstellen der eigentlichen Tabelle mit Table und der Option 2.

	A	B	C	D	E	F	G
1	Gleitlagerberechnung						
2	===================				Durchmesser d in mm		
3				l/d		pzul -->	
4	Gegebene Werte:			+B12	6	8	10
5	Radialkraft Fr =	16	kN	1	52	45	41
6	Axialkraft Fa =	7.5	kN	1.1	50	43	39
7	Bauverhältnis l/d ≈	1.2		1.2	48	41	37
8	zul. Flächen-			1.3	46	40	36
9	pressung pzul =	6	N/mm^2	1.4	44	38	34
10				1.5	43	37	33
11	Ermittelte Werte:			1.6	41	36	32
12	Durchmesser d =	48	mm	1.7	40	35	31
13	Durchmesser D =	63	mm	1.8	39	34	30
14	Zapfenlänge l =	58	mm	1.9	38	33	30
15				2	37	32	29
16				2.1	36	31	28
17	Neuberechnung der Tabelle mit <F8>			2.2	35	31	27
18				2.3	35	30	27
19				2.4	34	29	26
20				2.5	33	29	26

Bild 2-28: Gleitlagertabelle

Der letzte Schritt wird dabei ausgeführt mit:

<Escape>
Data
Table
2
Tabellenbereich eingeben: **D4..G20 <Return>**
Eingabezelle 1 eingeben: **B7 <Return>**
Eingabezelle 2 eingeben: **B9 <Return>**

In vielen Fällen stehen die zur Berechnung eines Maschinenelements erforderlichen Werte in einer Datei und sind aus dieser auszuwählen. In WAF steht allgemein für die Auswahl von Daten aus einer Datei die Data-Option Query zur Verfügung. Im weiteren soll auf die wesentlichen Punkte des Arbeitens mit Query näher eingegangen werden.

Data-Option Query: Daten auswählen

Hiermit können in einer WAF-Datei Datensätze gesucht, geändert, gelöscht oder ausgegeben werden. In Menüform werden folgende Möglichkeiten angeboten:

– Input	Festlegen des Suchbereichs in einer Datei,
– Criterion	Festlegen der Suchkriterien,
– Output	Festlegen des Bereichs für die Ausgabe ausgewählter Daten,
– Find	Hervorheben der Datensätze, die das Suchkriterium erfüllen,
– Extract	Kopieren aller gefundenen Daten in einen Ausgabebereich,
– Unique	Kopieren aller gefundenen Daten ohne Duplikate,
– Delete	Löschen von Datensätzen, die das Auswahlkriterium erfüllen,
– Reset	Löschen von Such-, Kriterium- und Ausgabebereich-Vereinbarungen,
– Select	selektives Kopieren von Auswahlsätzen und
– Quit	Beenden der Auswahl von Datensätzen und zurück in den BEREIT-Modus.

Man geht bei der Auswahl von Datensätzen meist schrittweise vor:

- Bestimmen des Suchbereichs mit der Option Input,
- Vereinbaren der Auswahlkriterien mit der Option Criterion und
- Festlegen eines Ausgabebereichs für Datensätze, die die Bedingungen erfüllen, mit der Option Output.

Query-Option Input: Vereinbaren eines Suchbereichs in einer Datei

Durch die Anwendung dieser Option kann ein Bereich des Arbeitsblattes vereinbart werden, in dem nach Datensätzen gesucht werden soll, die eine bestimmte Bedingung erfüllen. Ein Suchbereich kann die gesamte Datei oder nur einen Teil von dieser umfassen. Im gewählten Suchbereich muß die Zeile mit den Feldnamen der Datei stehen.

Query-Option Criterion: Festlegen der Suchkriterien

Die Kriterien, nach denen eine Suche von Datensätzen erfolgen soll, werden mit der Option Criterion in Form eines sogenannten Kriterienbereichs festgelegt. Dieser Kriterienbereich muß außerhalb des Suchbereichs liegen und umfaßt mindestens zwei Zeilen. Die Angabe eines Kriteriums erfolgt in zwei Zellen, die untereinander in einer Spalte stehen, und zwar

- in der oberen Zelle der Feldname für die Spalte, in der im Suchbereich gesucht werden soll, und
- in der unteren Zelle die Bedingung für die eigentliche Auswahl der Sätze.

Werden mehrere Kriterien in dieser Form in einer Zeile nebeneinander vereinbart, so erfolgt die Auswahl der Datensätze aufgrund der logischen UND-Verknüpfung der Einzelkriterien. Es werden also nur die Datensätze gefunden, die allen Kriterien genügen. Stehen die Kriterien für unterschiedliche Feldnamen in verschiedenen Zeilen, so erfolgt eine logische ODER-Verknüpfung der einzelnen Bedingungen, d.h., es werden alle Datensätze gefunden, die mindestens ein Kriterium erfüllen.
Die eigentliche Bedingung für ein Auswahlfeld wird vereinbart durch:

- ein Label — für die Suche nach Datensätzen, die dieses Label als Wert besitzen,
- eine Zahl — für die Suche nach Datensätzen, die diese Zahl als Wert besitzen und
- ein Vergleich — für die Suche nach Datensätzen, für deren Werte der Vergleich den Wahrheitswert WAHR liefert.

Die Formulierung eines Vergleichs erfolgt mit Hilfe von mathematischen und logischen Operatoren. Man vergleiche hierzu Anhang B. Bei der Angabe von Auswahlfeldern in einem Vergleich muß eine relative Adressierung angewandt werden. Kommen in einem Vergleich Zellen vor, die außerhalb des Suchbereichs liegen, so sind diese durch eine absolute Adressierung anzugeben.

☞ *Hinweis: Maximale Anzahl von Kriterien*

In einer Spalte können maximal 32 Kriterien festgelegt werden.

☞ *Hinweis: Jokerzeichen bei Textsuche*

Bei der Suche nach einem bestimmten Label, kann bei dessen Angabe ein sogenanntes Jokerzeichen benutzt werden. Es stehen dabei zur Verfügung:

- Fragezeichen (?) — als Ersatz für ein beliebiges Zeichen,
- Stern (*) — als Ersatz für eine beliebige Zeichenfolge bis zum Ende des Labels und
- Tilde (~) — für die Auswahl aller Datensätze, die das angegebene Label im Auswahlfeld nicht enthalten.

☞ *Hinweis: Null als Bedingung*

Die Suche nach Null (0) liefert alle Datensätze mit Leerzellen und Labels im Auswahlfeld.

Mit den Optionen Extract, Unique und Select erfolgt aufgrund der vereinbarten Kriterien im Suchbereich die Auswahl der Datensätze und deren Ausgabe - durch Kopieren - in einen vorher mit der Option Output festzulegenden Ausgabebereich.

Query-Option Output: Festlegen eines Ausgabebereichs für Auswahldaten

In der ersten Zeile eines Ausgabebereichs sind die Namen für die Felder aus dem Suchbereich anzugeben, deren zugehörige Werte für die gefundenen Datensätze in den Ausgabebereich kopiert werden sollen. Die Reihenfolge der Feldnamen ist hierbei beliebig. Zusätzlich kann durch die Vorgabe einer maximalen Zeilenanzahl der Ausgabebereich nach unten begrenzt werden.

Query-Option Extract: Kopieren der Auswahlsätze in den Ausgabebereich

Durch Wahl dieser Option werden alle Datensätze, die die Kriterien erfüllen, in den Auswahlbereich kopiert. Bei einem einzeilig festgelegten Auswahlbereich wird dieser beim Kopieren automatisch nach unten vergrößert. Passen die zu kopierenden Sätze nicht in einen mit einer festen Zeilenzahl vereinbarten Bereich, so wird dies mit der Fehlermeldung:

Ausgabebereich voll

angezeigt und die Ausgabe abgebrochen.

☞ *Hinweis: Einzeiliger Ausgabebereich*

Bei der Ausgabe von Auswahlsätzen in einen einzeiligen Auswahlbereich ist darauf zu achten, daß unter der ersten Ausgabebereichs-Zeile mit den Feldnamen alle übrigen Zeilen bis zum Ende des Arbeitsblatts überschrieben bzw. gelöscht werden. Um einen Verlust an Informationen zu vermeiden, sollte man zweckmäßigerweise mit Ausgabebereichen von fester Zeilenzahl arbeiten.

Funktionstaste F7: Wiederholung einer Datenauswahl

Durch Drücken der Funktionstaste F7 kann aus dem Bereitschaftsmodus direkt eine Datenauswahl aktiviert werden. Diese erfolgt mit der zuletzt gewählten Query-Option Find, Extract, Unique, Delete bzw. Select für die aktuellen Festlegungen des Such-, des Kriterien- und des Ausgabereichs. Diese Bereiche bleiben solange gültig, bis sie entweder mit der Query-Option Reset gelöscht oder mit Input, Criterion oder Output geändert werden.

Mit den oben besprochenen Optionen kann man relativ einfach eine bei der Berechnung von Maschinenelementen häufig erforderliche Tabellenauswertung durchführen. Dies soll in den beiden nächsten Beispielen für die Auswahl eines Gleitlagerwerkstoffs bzw. für die Bestimmung einer Grundtoleranz näher behandelt werden.

Bei einem Gleitlager gleitet ein bewegtes Teil - meist eine Welle oder ein Wellenzapfen - auf Gleitflächen in einer feststehenden Lagerschale oder Lagerbuchse. Für den Dauerbetrieb wird die Trennung der Gleitflächen angestrebt. Hierbei spielen die verwendeten Lagerwerkstoffe für bestimmte Betriebszustände, wie z.B. An- und Auslauf oder Aussetzen der Schmierung, eine besondere Rolle. Entsprechend hängt die Auswahl der Lagerwerkstoffe von einer Vielzahl von Parametern ab, die in den Richtlinien zur Wahl von Gleitlagerwerkstoffen zusammengestellt sind (Vgl. [2], Bild 14-63).

In Verbundlagern nach DIN ISO 4381 werden beispielsweise Blei-Zinn-Gußlegierungen verwandt. In Abhängigkeit von Belastung und Geschwindigkeit wird eine spezielle Legierung aus der folgenden Tabelle ausgewählt.

Kurzzeichen	Werkstoff-Nummer	Zusammensetzung (%)	Belastung	Geschwindigkeit
PbSn15SnAs	2.3390	82Pb; 15Sb; 1,3Sn	gering	niedrig
PbSn15Sn10	2.3392	74Pb; 15Sb; 10Sn	mittel	mittel
PbSn10Sn6	2.3393	83Pb; 10Sb; 6Sn	gering	mittel
SnSb12Cu6Pb	2.3790	80Sn; 12Sb; 6Cu	mittel	hoch
SnSb8Cu4	2.3791	89Sn; 8Sb; 4Cu	mittel	hoch
SnSb8Cu4Cd	2.3792	89Sn; 8Sb; 4Cu	hoch	hoch

Hiernach ist für eine geringe Belastung und eine mittlere Geschwindigkeit die Legierung mit dem Kurzzeichen PbSn10Sn6 zu wählen.

■ Beispiel 2-26: Auswahl von Daten für vorgegebene Texte

Für die Auswahl einer Blei-Zinn-Gußlegierung nach DIN ISO 4381 ist ein geeignetes Arbeitsblatt zu entwickeln und unter dem Namen GleitLWe abzuspeichern.
Das zu entwickelnde Arbeitsblatt besteht im wesentlichen aus zwei Bereichen, und zwar aus

- Zellbereich A1..F20 für den Auswahldialog und
- Zellbereich A21..F32 für die Darstellung der Auswahl-Tabelle.

Entsprechend der gegebenen Auswahl-Tabelle ergibt sich für den zweiten Zellbereich:

	A	B	C	D	E	F
21	Gleitlager aus Blei-Zinn-Gußlegierungen					
22	══════════════					
23	(nach DIN ISO 4381)					
24						
25			Werkstoff-	(%)		
26		Kurzzeichen	Nummer	Zusammensetzung	Belastung	Geschwindigkeit
27		PbSn15SnAs	2.3390	82Pb; 15Sb; 1,3Sn	gering	niedrig
28		PbSn15Sn10	2.3391	74Pb; 15Sb; 10Sn	mittel	mittel
29		PbSn10Sn6	2.3393	83Pb; 10Sb; 6Sn	gering	mittel
30		SnSb12Cu6Pb	2.3790	80Sn; 12Sb; 6Cu	mittel	hoch
31		SnSb8Cu4	2.3791	89Sn; 8Sb; 4Cu	mittel	hoch
32		SnSb8Cu4Cd	2.3792	89Sn; 8Sb; 4Cu	hoch	hoch
33						

Bild 2-29: Tabelle der Blei-Zinn-Gußlegierungen

Dabei ist der Bereich B26..F32 als WAF-Datei angelegt und als Suchbereich vorgesehen.

Der erste Zellbereich für die eigentliche Auswahl hat die Form:

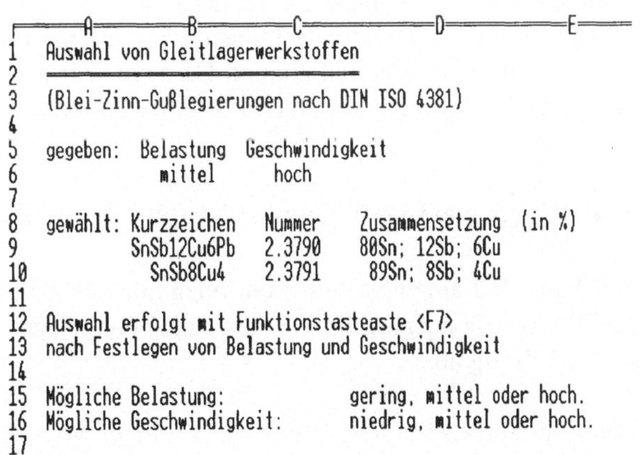

```
       A        B        C          D          E
1  Auswahl von Gleitlagerwerkstoffen
2  ═══════════════════════
3  (Blei-Zinn-Gußlegierungen nach DIN ISO 4381)
4
5  gegeben: Belastung  Geschwindigkeit
6             mittel      hoch
7
8  gewählt: Kurzzeichen  Nummer   Zusammensetzung  (in %)
9           SnSb12Cu6Pb  2.3790   80Sn; 12Sb; 6Cu
10            SnSb8Cu4   2.3791    89Sn; 8Sb; 4Cu
11
12 Auswahl erfolgt mit Funktionstasteaste <F7>
13 nach Festlegen von Belastung und Geschwindigkeit
14
15 Mögliche Belastung:           gering, mittel oder hoch.
16 Mögliche Geschwindigkeit:     niedrig, mittel oder hoch.
17
```

Bild 2-30: Auswahl einer Blei-Zinn-Gußlegierung

Er enthält neben Überschriften und Hinweisen die beiden wichtigen Teilbereiche:

- B5..C6 als Kriterienbereich für die Eingabe der jeweiligen Belastung und Geschwindigkeit und
- B8..D10 als Ausgabebereich für die Ausgabe der hierfür geeigneten Blei-Zinn-Gußlegierungen.

Die Festlegung von Such-, Kriterien- und Ausgabebereich erfolgt mit:

<Escape>
Data {Bereiche festlegen}
Query
Input {Suchbereich festlegen}
Eingabebereich eingeben: **B26..F32 <Return>**
Criterion {Kriterienbereich festlegen}
Kriterienbereich eingeben: **B5..C6 <Return>**
Output {Ausgabebereich festlegen}
Ausgabebereich eingeben: **B8..D10 <Return>**
Extract {Kopieren der Datensätze in den Ausgabebereich}
Quit {Zurück zum Bereitshaftsmodus}

Für den Ausgabebereich sind drei Zeilen vorgegegeben, da maximal zwei Sätze für die Auswahl infrage kommen. Bei einer Festlegung als einzeiliger Bereich würden beim Kopieren der gefundenen Sätze alle Zellen unterhalb der Zeile 9 gelöscht und das Arbeitsblatt unbrauchbar.

Nach dem Abspeichern des Arbeitsblattes unter dem Namen GleitLWe können nacheinander Legierungen für unterschiedliche Belastungen und Geschwindigkeiten ausgewählt werden. Man gibt in den Zellen B6 und C6 neue Werte ein und aktiviert die Ausgabe der passenden Legierungen durch Drücken der Funktionstaste F7.

◆ Aufgabe 2-16: Gleitlagerwerkstoff-Auswahl nach allgemeinen Richtlinien

Für die in [1] auf Seite 462 angegebenen Richtlinien entwickle man eine Tabelle für die Auswahl der Werkstoffe aufgrund der ersten fünf Forderungen und speichere sie unter dem Namen GLWallg ab.

Bei der Fertigung eines beliebigen Bauteils sind Abweichungen vom absoluten Nennmaß nicht zu vermeiden. Die hierbei zulässigen Toleranzen richten sich nach der Größe des Nennmaßes und dem Verwendungszweck des Bauteils. Diese sogenannten Grundtoleranzen Tg in µm sind nach DIN 7151 in Toleranzklassen aufgeteilt. Hierfür gilt nach TB 2-1 aus [2] folgende Tabelle:

ISO Tole-ranz-klasse	ISO Tole-ranz-reihe	Nennmaßbereich in mm 1 bis 3	über 3 bis 6	über 6 bis 10	über 10 bis 18	über 18 bis 30	über 30 bis 50	über 50 bis 80	über 80 bis 120	über 120 bis 180	über 180 bis 250	über 250 bis 315	über 315 bis 400	über 400 bis 500	Klas-sen-faktor *K*
01	IT01	0,3	0,4	0,4	0,5	0,6	0,6	0,8	1	1,2	2	2,5	3	4	–
0	IT0	0,5	0,6	0,6	0,8	1	1	1,2	1,5	2	3	4	5	6	–
1	IT1	0,8	1	1	1,2	1,5	1,5	2	2,5	3,5	4,5	6	7	8	–
2	IT2	1,2	1,5	1,5	2	2,5	2,5	3	4	5	7	8	9	10	–
3	IT3	2	2,5	2,5	3	4	4	5	6	8	10	12	13	15	–
4	IT4	3	4	4	5	6	7	8	10	12	16	16	18	20	–
5	IT5	4	5	6	8	9	11	13	15	18	20	23	25	27	7
6	IT6	6	8	9	11	13	16	19	22	25	29	32	36	40	10
7	IT7	10	12	15	18	21	25	30	35	40	46	52	57	63	16
8	IT8	14	18	22	27	33	39	46	54	63	72	81	89	97	25
9	IT9	25	30	36	43	52	62	74	87	100	115	130	140	155	40
10	IT10	40	48	58	70	84	100	120	140	160	185	210	230	250	64
11	IT11	60	75	90	110	130	160	190	220	250	290	320	360	400	100
12	IT12	100	120	150	180	210	250	300	350	400	460	520	570	630	160
13	IT13	140	180	220	270	330	390	460	540	630	720	810	890	970	250
14	IT14	250	300	360	430	520	620	740	870	1000	1150	1300	1400	1550	400
15	IT15	400	480	580	700	840	1000	1200	1400	1600	1850	2100	2300	2500	640
16	IT16	600	750	900	1100	1300	1600	1900	2200	2500	2900	3200	3600	4000	1000
17	IT17	–	–	1500	1800	2100	2500	3000	3500	4000	4600	5200	5700	6300	1600
18	IT18	–	–	–	2700	3300	3900	4600	5400	6300	7200	8100	8900	9700	2500

Man erhält hieraus für die Klasse IT10 und einen Nennmaßbereich von 50 mm bis 80 mm eine Grundtoleranz Tg von 120 µm.

Für die Anwendung der Toleranzklassen gelten die Vereinbarungen:

- IT01 .. IT4 — vorwiegend für Meßzeuge (Lehren), Feinmeßgeräte u.ä.,
- IT5 .. IT11 — allgemein für Passungen in der feinmechanischen Fertigung und im allgemeinen Maschinenbau und
- IT12 .. IT18 — für gröbere Toleranzen in der spanlosen Formung, wie z.B. bei Walzwerkerzeugnissen, Schmiede- und Ziehteilen.

In den beiden letzten Beispielen dieses Kapitels soll die Ermittlung einer Grundtoleranz mit Hilfe eines WAF-Tabelle automatisiert werden, und zwar bei vorgegebener Toleranzklasse für einen Nennmaßbereich bzw. für ein Nennmaß selbst.

■ Beispiel 2-27: Auswahl von Daten für vorgegebene Zahlenwerte

Unter dem Namen GrundTol ist ein Arbeitsblatt zu erstellen, mit dem durch die Vorgabe einer Toleranzklasse und der Grenzen des Nennmaßbereichs die zugehörige Grundtoleranz ermittelt wird.

Man geht hier analog zum Beispiel 2-26 vor und erstellt ein Arbeitsblatt mit zwei Bereichen:

- Zellbereich A1..F20 für den Auswahldialog und
- Zellbereich A22..V41 für die Darstellung der Grundtoleranz-Tabelle.

Ein Teilbereich der Grundtoleranz-Tabelle ist nachfolgend angegeben.

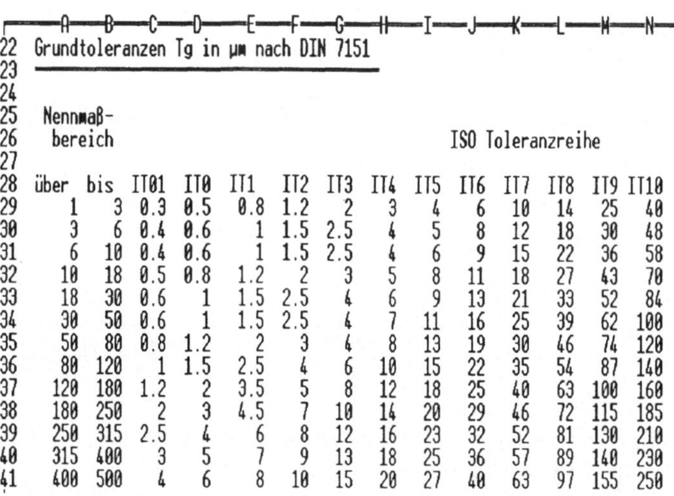

Grundtoleranzen Tg in µm nach DIN 7151

Nennmaß-bereich — ISO Toleranzreihe

über	bis	IT01	IT0	IT1	IT2	IT3	IT4	IT5	IT6	IT7	IT8	IT9	IT10
1	3	0.3	0.5	0.8	1.2	2	3	4	6	10	14	25	40
3	6	0.4	0.6	1	1.5	2.5	4	5	8	12	18	30	48
6	10	0.4	0.6	1	1.5	2.5	4	6	9	15	22	36	58
10	18	0.5	0.8	1.2	2	3	5	8	11	18	27	43	70
18	30	0.6	1	1.5	2.5	4	6	9	13	21	33	52	84
30	50	0.6	1	1.5	2.5	4	7	11	16	25	39	62	100
50	80	0.8	1.2	2	3	4	8	13	19	30	46	74	120
80	120	1	1.5	2.5	4	6	10	15	22	35	54	87	140
120	180	1.2	2	3.5	5	8	12	18	25	40	63	100	160
180	250	2	3	4.5	7	10	14	20	29	46	72	115	185
250	315	2.5	4	6	8	12	16	23	32	52	81	130	210
315	400	3	5	7	9	13	18	25	36	57	89	140	230
400	500	4	6	8	10	15	20	27	40	63	97	155	250

Bild 2-31: Grundtoleranzen Tg in µm

Der Bereich für die Eingabe der Toleranzklasse und Grenzen hat die Form:

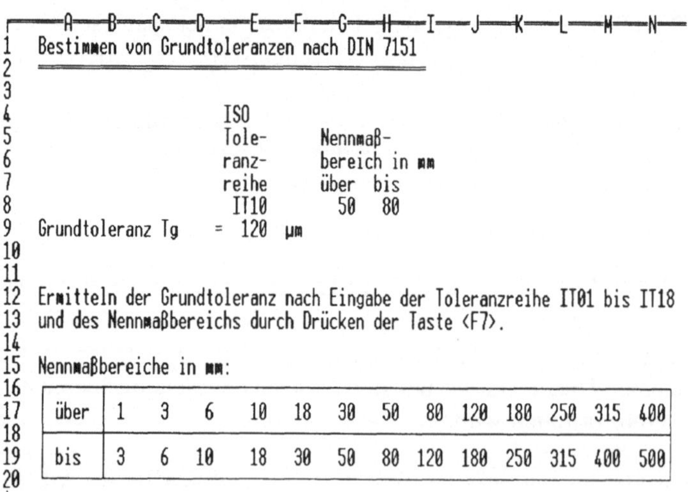

Bestimmen von Grundtoleranzen nach DIN 7151

ISO Toleranzreihe: IT10 — Nennmaßbereich in mm: über 50 bis 80

Grundtoleranz Tg = 120 µm

Ermitteln der Grundtoleranz nach Eingabe der Toleranzreihe IT01 bis IT18 und des Nennmaßbereichs durch Drücken der Taste <F7>.

Nennmaßbereiche in mm:

über	1	3	6	10	18	30	50	80	120	180	250	315	400
bis	3	6	10	18	30	50	80	120	180	250	315	400	500

Bild 2-32: Bestimmung von Grundtoleranzen

Die wesentlichen Festlegungen erfolgen mit:

<Escape>
Data {Bereiche festlegen}
Query
Input {Suchbereich festlegen}
Eingabebereich eingeben: **A28..V41 <Return>**
Criterion {Kriterienbereich festlegen}
Kriterienbereich eingeben: **G7..H8 <Return>**
Output {Ausgabebereich festlegen}
Ausgabebereich eingeben: **E8..E9 <Return>**
Extract {Kopieren der Datensätze in den Ausgabebereich}
Quit {Zurück zum Bereitshaftsmodus}

Im Unterschied zur Tabelle „GleitLWe" aus Beispiel 2-26 stehen neben einer Text-Abfrage für die Suche nach einer Toleranzklasse in der Tabelle auch zwei Zahlen-Kriterien für die Auswahl des vorgegebenen Nennmaßbereichs. Ansonsten kann auch hier nach dem Ändern einer Eingangsgröße mit der Funktionstaste F7 sofort eine erneute Auswahl der zugehörigen Grundtoleranz gestartet werden.

■ Beispiel 2-28: Auswahl von Daten für Formelbedingungen

Die Ermittlung einer Grundtoleranz soll in der Weise vereinfacht werden, daß man neben der Tolarenzklasse nur noch das Nennmaß einzugeben hat, d.h., daß die Grenzen des entsprechenden Nennmaßbereichs aus der Tabelle automatisch bestimmt werden. Man modifiziere die Tabelle GrundTol in geeigneter Weise und speichere die neue Tabelle unter rundTo2 ab.

Für den gleichen Suchbereich wie in der vorgegebenen Tabelle GrundTol geht man im wesentlichen wie folgt vor:

- Suchen nach dem Datensatz, für den gilt:
  Wert in Spalte 'über' < vorgegebenes Nennmaß ≤ Wert in Spalte 'bis'
- Ausgabe des Wertes in der Spalte für die vorgegebene Toleranzklasse.

Man hat hierfür den Kriterien- und Ausgabebereich zu verschieben und wie folgt festzulegen:

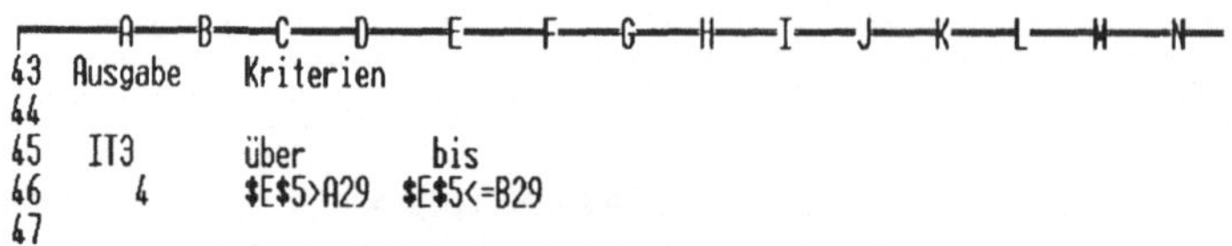

```
  A  B  C  D  E  F  G  H  I  J  K  L  M  N
43 Ausgabe    Kriterien
44
45  IT3       über        bis
46    4       $E$5>A29  $E$5<=B29
47
```

Bild 2-33: Kriterien- und Ausgabebereich für Wahl einer Grundtoleranz

Da der Wert für das vorgegebene Nennmaß in der Zelle E5 eingegeben wird und da diese Zelle außerhalb des Suchbereichs liegt, muß sie in den Suchbedingungen mit einer absoluten Zelladressierung angegeben werden. Die Zelle A29 und B29 beziehen sich auf die erste Zeile des Suchbereichs und sind mit einer relativen Zelladressierung festzulegen.

Die Eingabe der Toleranzklasse und des Nennmaßes erfolgt in dem wie folgt geändert Eingabebereich:

```
   A  B  C  D  E  F  G  H  I  J  K  L  M  N
1  Bestimmen von Grundtoleranzen nach DIN 7151
2  ==========================================
3
4  ISO Toleranzreihe   =  IT3                          Makro \S
5  Nennmaß             =  50.23  mm                    /CE4~A45~
6                                                      {QUERY}
7  Grundtoleranz Tg    =     4  µm
8
9
10
11
12 Ermitteln der Grundtoleranz nach Eingabe der Toleranzreihe IT01 bis IT18
13 und des Nennmaßes durch Drücken der Tasten <ALT+S>.
14
15 Nennmaßbereiche in mm:
16
17 | über | 1   3   6   10  18  30  50  80  120 180 250 315 400
18
19 | bis  | 3   6   10  18  30  50  80  120 180 250 315 400 500
20
```

Bild 2-34: Bestimmung von Grundtoleranzen

Zur Vereinfachung des Arbeitens mit dieser Tabelle dient das Makro \S in den Zellen M4, M5 und M6. Hiermit wird die in die Zelle E4 eingegebene Toleranzklasse für die Definition der ersten Zeile des Ausgabebereichs in die Zelle A45 kopiert. Anschließend wird die Datenauswahl gestartet. Der gefundene Wert für die Grundtoleranz wird in die Zelle A46 kopiert und in die Zelle E7 übernommen, weil dort die Zelladresse A46 angegeben ist.

Aufgrund der Festlegung der Abfragebedingung:

untere Grenze < Nennmaß ≤ obere Grenze

für die Suche nach dem Nennmaßbereich wird für das kleinste Nennmaß von 1 mm kein zugehöriger Datensatz gefunden. In diesem Fall ist für das Nennmaß ein geringfügig größerer Wert als 1 einzugeben, wie z.B. 1.001.

3 Tabellensammlung aus dem Bereich Maschinenbau

In diesem Kapitel werden fünf Beispiele für die Anwendung der Tabellenkalkulation WAF für Problemstellungen aus dem Bereich des Maschinenbaus dargestellt:

- Auslegung von zylindrischen Schraubendruckfedern,
- Ermittlung des Entwurfsdurchmessers von Achsen,
- Bestimmung der Grenzmaße und der Paßtoleranz,
- Ermittlung der Verzahnungsgeometrie von Stirnrädern und
- Berechnung einer Getriebe-Zwischenwelle.

Das Arbeiten mit den zugehörigen Arbeitsblättern soll dem Leser die vielfachen Möglichkeiten beim Arbeiten mit Tabellenkalkulationen aufzeigen und ihn ferner anregen, eigene Arbeitsblätter für Anwendungen aus technischen Bereichen zu erstellen und dabei die in den Kapiteln 1 und 2 erlernten Sachverhalte und Vorgehensweisen anzuwenden.

Bei der Behandlung der einzelnen Tabellen in den folgenden Abschnitten wird das Hauptaugenmerk auf das eigentliche Arbeiten mit dem jeweiligen Arbeitsblatt gelegt. Obwohl die Erstellung der Tabellen hier nicht so sehr interessiert, werden aber zunächst doch zu jeder Tabelle die zu behandelnde allgemeine Aufgabenstellung, die vorgegebenen Eingabegrößen und die zu ermittelnden Ausgabegrößen angegeben.

Ein beliebiges Arbeitsblatt einer Tabellenkalkulation sollte - ähnlich wie ein Programm in einer Hochsprache - gut strukturiert sein. Ein solches Arbeitsblatt kann einerseits relativ leicht geändert und erweitert werden und es ermöglicht andererseits ein einfaches und übersichtliches Arbeiten bei der Durchführung von Berechnungen. Unter Berücksichtigung dieser Zielsetzung besitzen die Tabellen dieses Kapitels folgenden einheitlichen Aufbau:

Tabellenkopf
Eingabeteil mit Empfehlungen
Ausgabeteil mit Hinweisen
Hilfsgrößen

Der Tabellenkopf enthält neben den Namen der Tabelle, des jeweiligen Beispiels und des Bearbeiters das Datum für das letzte Arbeiten mit der Tabelle und allgemeine Hinweise zu der Tabelle, wie z.B. eine Kurzbeschreibung des Anwendungsfalls und weitere spezielle Bemerkungen. Für die Tabelle Feder aus dem Abschnitt 3.1 hat der Tabellenkopf folgende Form:

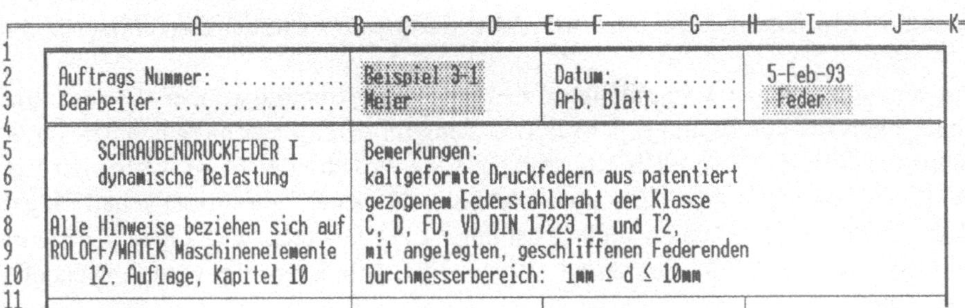

Der hier vorgegebene Tabellenkopf enthält die wichtigsten Informationen zu einer Tabelle und kann durch Ergänzungen oder Umstellungen auf eigene Bedürfnisse geändert werden. Da Arbeitsblätter - wie auch Programme - im Laufe der Zeit verändert und erweitert werden, sollte der Tabellenkopf zusätzlich zum Namen die entsprechende Version des Arbeitsblattes enthalten.

Ein wesentlicher Vorteil einer Tabellenkalkulation besteht in der Möglichkeit, durch Kopieren entsprechender Teile einer Tabelle und die Eingabe anderer Werte für eine Aufgabenstellung auf einfache Weise mehrere Lösungsvarianten zu erhalten. Die Tabellen in diesem Kapitel sehen meist drei Varianten A, B und C vor, und zwar jeweils für die Tabellenteile Eingabe, Ausgabe und Hilfsgrößen. Der Leser kann unter Berücksichtigung der Einschränkungen der WAF-Demoversion weitere Varianten in die Tabellen durch Kopieren einbauen.

Im Eingabeteil der Tabellen erfolgt die Festlegung der erforderlichen Werte im Dialog, wobei hierfür die beiden Spalten Eingabe und Ausgabe vorgesehen sind. Die eigentliche Eingabe der Werte erfolgt in der Spalte Eingabe. Die Zellen der Spalte Ausgabe sind gesperrt und enthalten vom System ermittelte Zwischenergebnisse oder Empfehlungen für weitere Benutzereingaben. Die vom System gemachten Vorschläge sollten vom Benutzer möglichst befolgt werden, um fehlerhafte Ergebnisse, die durch eine ERROR-Meldung kenntlich gemacht werden, zu vermeiden. Man vergleiche hierzu auch die Darstellungen in den folgenden Abschnitten.

Die vollständige Darstellung der Ergebnisse erfolgt im Ausgabeteil der Tabelle, und zwar getrennt für die verschiedenen Varianten. Der Anwender kann damit durch Vergleich die optimale Lösung auswählen.

Um zu übersichtlichen Tabellen und einfachen Darstellungen der einzelnen Berechnungen in den entsprechenden Zellen der Tabellen zu kommen, bietet sich das Arbeiten mit Zwischengrößen an. Diese werden zweckmäßigerweise am Ende einer Tabelle zusammengefaßt und können dem Benutzer u.U. zusätzliche Informationen zu den Ergebnissen liefern.

Die Anwendung der hier vorgestellten Tabellen setzen Kenntnisse über die jeweiligen Maschinenelemente voraus und sollen als Werkzeug für deren Berechung benutzt werden. Sie können somit die Arbeit eines Konstrukteurs wesentlich erleichtern, wobei der Konstrukteur - wie beim Berechnen 'per hand' ohne diese Tabellen - die Vorgabe und Eingabe korrekter Werte selbst beachten muß. Unsinnige Eingabewerte, wie z.B. ein negativer Durchmesser für eine Welle, führen zu unsinnigen Ergebnissen, die vom Anwender zu erkennen sind.

Bis auf die vorgesehenen Zellen für die Eingabe von Werten sind alle übrigen Zellen der Tabelle gesperrt, so daß ein versehentliches Überschreiben durch den Anwender nicht möglich ist. Die Tabellenbereiche mit zulässiger Eingabe sind auf dem Monitor farblich und im Buch durch Rasterung gekennzeichnet.

3.1 Auslegung von zylindrischen Schraubendruckfedern

3.1.1 Aufgabenstellung und Aufbau des Arbeitsblattes

Zylindrische Schraubendruckfedern haben in der Praxis vielfältige Aufgaben zu erfüllen. Sie werden beispielsweise als Spannfedern im Vorrichtungsbau, als Ventilfedern in Motoren und als Achsfedern in Fahrzeugen eingesetzt. Entsprechend ihrer Verwendung werden an sie unterschiedliche Forderungen gestellt. So wird für eine Spannfeder die maximale Federkraft F_2 bei einem vorgegebenen Federweg $s_h = s_2$ und einer minimalen Federkraft $F_1 = 0$ gefordert sein. Bei einer Ventilfeder wird der Mindestwert für die Federkraft F_1 zum Abdichten des Ventilsitzes bei $F_2 > F_1$ für einen bestimmten Ventilhub s_h, d.h. den Arbeitsweg der Feder, vorgegeben sein.

Eine entsprechende Vorgabe gilt für die Federrate R einer Fahrzeugfeder bei $F_{max} = F_2$ und dem Federweg s_h für $F_1 > F_2$. Mit der in diesem Abschnitt zu behandelnden Tabelle Feder können Druckfedern aus diesen verschiedenen Anwendungsbereichen berechnet werden. Diese Tabelle ist für die Berechnung von Schraubendruckfedern mit dynamischer Belastung, d.h. mit einer Lastspielzahl N von größer oder gleich 10^4 Lastspielen, ausgelegt.

Der prinzipielle Aufbau einer Schraubendruckfeder ist in der folgenden Abbildung dargestellt.

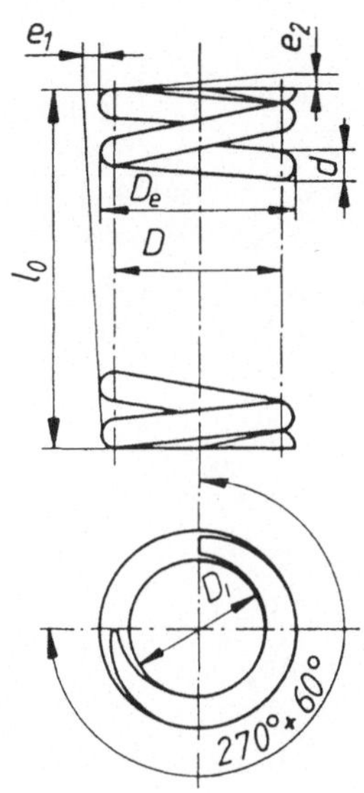

Bild 3-1: Unbelastete Schraubendruckfeder mit angelegten Federenden (Vgl. Bild 10-19 aus [1])

Für die Berechnung einer solchen Feder sind eine Reihe von Eingabewerten erforderlich, aus denen die gesuchten Ausgabewerte zu ermitteln sind. Die zugehörigen Größen sollen im weiteren kurz angegeben werden.

Als Eingangswerte werden benötigt:

- min. Federkraft F_1 in N,
- max. Federkraft F_2 in N,
- Federhub s_h in mm,
- äußerer bzw. innerer Windungsdurchmesser D_e bzw. D_i in mm,
- Gleitmodul G in N/mm^2,
- Drahtdurchmesser d in mm,
- mittlerer Windungsdurchmesser D in mm,
- Anzahl der federnden Windungen n,
- Länge der unbelasteten Feder L_o in mm.

Als Ausgangswerte werden ermittelt für den Festigkeitsnachweis:

- Unterspannung τ_{ku} in N/mm^2,
- Oberspannung τ_{ko} in N/mm^2,
- zulässige Oberspannung τ_{kO} in N/mm^2,
- Hubspannung τ_{kh} in N/mm^2,
- zulässige Hubspannung τ_{kH} in N/mm^2,
- Blockspannung τ_c in N/mm^2,
- zulässige Blockspannung τ_{czul} in N/mm^2,

für die Federabmessungen:

- Außendurchmesser De in mm,
- Innendurchmesser Di in mm,
- Gesamtwindungszahl n_t,

für die Belastungszustände 1 und 2 (zugeordnet F1 und F2):

- Federweg s_1 und s_2 in mm,
- Länge der belasteten Feder L_1 und L_2 in mm,
- Federarbeit W_1 und W_2 in Nmm,
- Schubspannung τ_1 und τ_2 in N/mm^2,
- korrigierte Schubspannung τ_{k1} und τ_{k2} in N/mm^2,

für den Blockzustand (Windungen liegen aneinander):

- Blockkraft F_c in N,
- Blockweg s_c in mm,
- Blocklänge L_c in mm,
- Blockarbeit W_c in Nmm,
- Blockspannung τ_c in N/mm^2,

und außerdem:

- Federraten $R_{(Soll)}$ und $R_{(Ist)}$ in N/mm^2,
- Federhub $s_{h(Ist)}$,
- Eigenfrequenz f_e in 1/s,
- Summe der Windungsabstände S_a in mm,
- Wickelverhältnis w.

Die Ermittlung der Werte für die Ausgangsgrößen erfolgt nach den im Kapitel 10 in [1], [2] und [3] angegebenen Berechnungsformeln und Vorgehensweisen, die in der Tabelle Feder mit dem Aufbau:

Tabellenkopf
Eingabe aller Werte mit Empfehlungen
Ausgabe des Festigkeitsnachweises
Ausgabe der Ergebnisse
Hilfsgrößen

durch geeignete Anwendung der Befehle und Optionen von WAF realisiert werden.

Aufgrund der Beschränkung der WAF-Demoversion auf 100 Zeilen befinden sich die Hilfsgrößen in der Tabelle nicht wie oben dargestellt unter den Ergebnissen sondern in dem Zellenbereich M1..X36.

3.1.2 Arbeiten mit dem Arbeitsblatt Feder

Das Arbeiten mit der Tabelle Feder zur Berechnung von Schraubendruckfedern erfolgt im Dialog, wobei die Änderung eines Wertes die sofortige Neuberechnung und aktualisierte Anzeige der darauf aufbauenden Werte bewirkt. Der Anwender hat somit zu jedem Zeitpunkt den neuesten Berechnungsstand zur Verfügung und kann entsprechende weitere Korrekturen vornehmen. Anhand des Beispiels 3-1 soll die prinzipielle Vorgehensweise bei der Berechnung einer Schraubendruckfeder mit der Tabelle Feder veranschaulicht werden.

■ Beispiel 3-1: Berechnung einer dynamisch belasteten Schraubendruckfeder

Eine Schraubendruckfeder wird als Ventilfeder zwischen den Federkräften F_1=400 N und F_2=650 N bei einem Hub s_h=12 mm schwingend beansprucht. Der äußere Windungsdurchmesser soll D_e=36 mm betragen. Es sollen drei Varianten mit unterschiedlichen Normdrahtdurchmesser d zum Vergleich berechnet werden. Im Bild 3-2 ist eine dynamisch belastete Schraubendruckfeder dargestellt. (Vgl. Bild 10-35 aus [1])

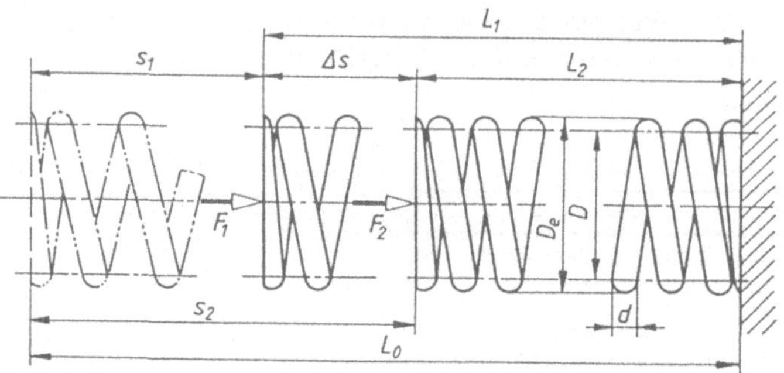

Bild 3-2: Schwingend belastete Schraubendruckfeder

Nach dem Aufruf der Tabelle Feder können in die gekennzeichneten Zellen des Arbeitsblattes die durch die Aufgabenstellung gegebenen bzw. aufgrund von Zwischenergebnissen festzulegenden Werte eingegeben werden. Für die obige Aufgabenstellung ergibt sich beispielsweise das folgende spezielle Arbeitsblatt:

Auftrags Nummer: .... / Bearbeiter:	Beispiel 3-1 / Meier		Datum: .... / Arb. Blatt:		5-Feb-93 / Feder	
SCHRAUBENDRUCKFEDER I dynamische Belastung Alle Hinweise beziehen sich auf ROLOFF/MATEK Maschinenelemente 12. Auflage, Kapitel 10	Bemerkungen: kaltgeformte Druckfedern aus patentiert gezogenem Federstahldraht der Klasse C, D, FD, VD DIN 17223 T1 und T2, mit angelegten, geschliffenen Federenden Durchmesserbereich: 1mm ≤ d ≤ 10mm					
*** EINGABE ***	Variante A		Variante B		Variante C	
	Eingabe	Ausgabe	Eingabe	Ausgabe	Eingabe	Ausgabe
maximale Federkraft (N) F2	650	....	650	....	650	....
minimale Federkraft (N) F1	400	....	400	....	400	....
Federhub (s2-s1) (mm) sh	12	....	12	....	12	....
Federweg (mm) s2 (Soll)	———>	31.2	———>	31.2	———>	31.2
Federweg (mm) s1 (Soll)	———>	19.2	———>	19.2	———>	19.2
für die Berechnung ist vorgegeben De <1>; Di <2> ——>	....	....	....	....	....	....
	1	....	1	....	1	....
Eingabe: De bzw. Di ———>	36	....	36	....	32	....
	Festleg.	Empfehlg.	Festleg.	Empfehlg.	Festleg.	Empfehlg.
d (Festleg. n.DIN 2076) für d'	4.5	4.576	5	4.576	4.5	4.4
D (Festlegung n. DIN 323) ——>	32	31.5	32	31	28	27.5
n festlegen (-.5) für n' ——>	6.5	6.12	9.5	9.33	9.5	9.13
Lo≥Lo' festgelegt für Lo' ——>	80	79.1	102	100.8	95	94.4
bei ERROR Lo neu festlegen!	———>	0	———>	0	———>	0
Federrate (N/mm) R(Soll)	———>	20.83	———>	20.83	———>	20.83
Federrate (N/mm) R(Ist)	———>	19.61	———>	20.45	———>	20.03

Die Eingabe der durch die Aufgabenstellung festgelegten Werte wird in den Zeilen 16 bis 18, 23 und 24 vorgenommen. Diese Werte sollten als feste Größen angesehen und in der Regel nicht verändert werden.

Für die Eingabe der Größen in den Zeilen 28 bis 31 werden dem Anwender Werte vorgeschlagen. Es findet hier ein Dialog zwischen Anwender und System statt. Die Eingabe der erforderlichen Werte für die geometrische Festlegung der Feder ist abgeschlossen, wenn in der Zeile 32 der Wert 0 angezeigt wird. Falls die eingegebene Federlänge L_0 mehr als 5% größer oder kleiner als die Federlänge L_0' ist, wird mit ERROR ein Fehler angezeigt. Der Wert für L_0 ist in Zeile 31 neu festzulegen. Die Eingabe von L_0 erfolgt offensichtlich iterativ. Diese Vorgehensweise ist typisch für das Arbeiten mit Tabellen und ermöglicht die Optimierung einer Lösung. In den Zeilen 34 und 35 werden zum direkten Vergleich die Soll- und Istwerte der Federrate R dargestellt. Je kleiner der Wert für R ist, umso weicher ist die Feder.

Nach der Ermittlung der Geometrie der Feder erfolgt im nächsten Tabellenteil die Durchführung des Festigkeitsnachweises:

	A	C	D	F	G	I	J
37	FESTIGKEITSNACHWEIS						
38	Draht C und D<1>, FD<2>, VD<3>	1		1		1	
39	gestrahlt <1>, nicht gestr.<2>	1		1		1	
40							
41	Unterspannung (N/mm2) tau ku	——>	420	——>	313	——>	377
42	Oberspannung (N/mm2) tau ko	——>	683	——>	508	——>	613
43	Obersp. zul. (N/mm2) tau kO	——>	786	——>	697	——>	754
44	gut (1) schlecht (ERROR)	——>	1	——>	1	——>	1
45	Hubspannung (N/mm2) tau kh	——>	263	——>	195	——>	236
46	Hubsp. zul. (N/mm2) tau kH	——>	366	——>	384	——>	377
47	gut (1) schlecht (ERROR)	——>	1	——>	1	——>	1
48	Blockspannung (N/mm2) tau c	——>	719	——>	582	——>	665
49	Blocksp. zul. (N/mm2) tau c	——>	943	——>	922	——>	943
50	gut (1) schlecht (ERROR)	——>	1	——>	1	——>	1
51							
52	Knickfall 1...4 nach TB10-13	2		2		3	
53	knicksicher ja <1> nein <ERR>	——>	1	——>	1	——>	1
54							

In den Zeilen 38 und 39 erfolgt die Auswahl der verwendeten Drahtsorte C, D, FD oder VD und des Bearbeitungszustandes der Oberfläche gestrahlt oder ungestrahlt. Aufgrund dieser Festlegungen wird die Berechnung der zugehörigen Spannungen und der Vergleich mit den zulässigen Spannungswerten durchgeführt. In den Zeilen 44, 47 und 50 wird mit 1 oder ERROR auf eine gute bzw. schlechte Dimensionierung hingewiesen. Bei einer ERROR-Meldung, d.h., die vorhandene Spannung ist größer als die zulässige, ist die Drahtsorte, der Oberflächenzustand oder die Geometrie der Feder zu ändern.

Die Auswahl des Knickfalls nach Euler:

(1) ein Ende eingespannt, ein Ende frei,
(2) beidseitig gelenkig geführt,
(3) ein Ende eingespannt, ein Ende gelenkig geführt und
(4) beidseitig geführt

wird in Zeile 52 vorgenommen. In der Zeile 53 wird mit 1 oder ERROR angegeben, ob die Knicksicherheit gewährleistet ist.

Die Ausgabe der wichtigsten Federdaten erfolgt in den Zellen A55 bis K100:

	A		C–D	F–G	I–J
55	*** Ausgabe ***		Variante A	Variante B	Variante C
56					
57	FEDERABMESSUNGEN:				
58	Draht Φ (mm)	d	4.5	5	4.5
59	mittl.Windungs Φ (mm)	D	32	32	28
60	Außen Φ (mm)	De	36.5	37	32.5
61	Innen Φ (mm)	Di	27.5	27	23.5
62	Anzahl wiksamer Windg.	n	6.5	9.5	9.5
63	Gesamtwindungszahl(-)	nt	8.5	11.5	11.5
64	Federlänge (mm)	Lo	80	102	95
65					
66	Belastungszustand 1:				
67	Federkraft (N)	F1	400	400	400
68	Federweg (mm)	s1	20.4	19.6	20
69	Federlänge (mm)	L1	59.6	82.4	75
70	Federarbeit (Nm)	W1	4.08	3.91	3.99
71	Schubspannung (N/mm²)	tau 1	351	256	307
72	korrig.Schubsp.(N/mm²)	tauk1	420	313	377
73					
74	Belastungszustand 2:				
75	Federkraft (N)	F2	650	650	650
76	Federweg (mm)	s2	33.1	31.8	32.5
77	Federlänge (mm)	L2	46.9	70.2	62.6
78	Federarbeit (Nm)	W2	10.77	10.33	10.55
79	Schubspannung (N/mm²)	tau 2	571	416	499
80	korrig.Schubsp.(N/mm²)	tauk2	683	508	613
81					
82	Blockzustand:				
83	Blockkraft (N) theor	Fc	819	910	866
84	Blockweg (mm)	sc	41.8	44.5	43.3
85	Blocklänge (mm)	Lc	38.3	57.5	51.8
86	Blockarbeit (Nm)	Wc	17.09	20.25	18.73
87	Blockspannung (N/mm²)	tau c	719	582	665
88					
89	Sonstige Daten:				
90	Federrate (N/mm)	R(Soll)	20.83	20.83	20.83
91	Federrate (N/mm)	R (Ist)	19.61	20.45	20.03
92	Federlänge (mm)	Ln	46	69	61.9
93	Federkraft, zugeordnet Ln	Fn	667	675	663
94	Eigenfrequenz (1/s)	fe	247	188	221
95	Σ Windungsabstände (mm)	Sa	8.6	12.7	10.8
96	Wickelverhältnis (-)	w	7.1	6.4	6.2
97	tauzul bzw. tau k0 (N/mm^2)		786	697	754
98	tauczul (N/mm^2)		943	922	943
99	Gleitmodul (N/mm^2)	G	81500	81500	81500
100	Elastizitätsmodul (N/mm^2)	E	206000	206000	206000

Für die einzelnen Varianten werden in den Reihen 4..100 der Spalten Q, T und W die für die Berechnungen erforderlichen Hilfsgrößen zur Verfügung gestellt, so ergibt sich beispielsweise als Auszug:

	M N		O P Q	R S T	U V W
1					
2	HILFSGRöSSEN		Variante A	Variante B	Variante C
3					
4	Obersp. zul. (N/mm2)	tauk0'	786	697.4272	753.6374
5	d' (mm)		0	0	0
6	d'' (mm)		4.576	4.576	4.4
7	D' (mm)		31.5	31	27.5
8	D" (mm)		0	0	0
9	De vorh (mm)		36.5	37	32.5
10	Di vorh (mm)		27.5	27	23.5
11	nt (-)		8.5	11.5	11.5
12	Federweg (mm)	s1 (Ist)	20.39	19.56	19.97
13	Federweg (mm)	s2 (Ist)	33.14	31.78	32.45
14	Federweg (mm)	sn	34.03	33	33.11
15	Federlänge(mm)	Ln	45.97	69	61.89
16	k2 (-)		0	0	0
17	Wickelverhältnis w		7.111111	6.4	6.222222
18	k (-)		1.196506	1.221238	1.228426
19	Blocklänge (mm)	Lc	38.25	57.5	51.75
20	Sa min (mm)		7.7155	11.5026	10.1365
21	Sa (Ist) (mm)		8.61	12.72	10.8
22					
23	korrig. Schubsp.	tauk1 vorh	420.1723	312.6371	377.4588
24	korrig. Schubsp.	tauk2 vorh	682.7801	508.0353	613.3706
25	Schubspannung	tau 1 vorh	351.1659	256	307.2702
26	Schubspannung	tau 2 vorh	570.6447	416	499.3141
27	zul. Schubspannung	tau 2 zul	785.585	823.4222	842.1828
28					
29	Blockkraft (N)	Fc	818.7175	910.025	866.2975
30	Blockweg (mm)	sc	41.75	44.5	43.25
31	Blockspannung (N/mm2)	tau c	718.7643	582.416	665.4685
32					
33	Federarbeit (Nmm)	W1	4078	3912	3994
34	Federarbeit (Nmm)	W2	10770.5	10328.5	10546.25
35	Federarbeit (Nmm)	Wc	17090.72	20248.05	18733.68
36	Eigenfrequenz (1/s)	fe	247.4875	188.1484	221.1704
37					
38	C Zugfestigkeit (N/mm^2)	Rm	1684.365	1646.844	1684.365
39	D Zugfestigkeit (N/mm^2)	Rm	1684.365	1646.844	1684.365
40	FD Zugfestigkeit (N/mm^2)	Rm	1532.457	1510.494	1532.457
41	VD Zugfestigkeit (N/mm^2)	Rm	1528.916	1509.927	1528.916

Durch den Vergleich der Ergebnisse für die Varianten A, B und C in der oben angegebenen Tabelle Feder sollen kurz die Möglichkeiten angedeutet werden, welche die Tabellenkalkulation für die Optimierung einer Lösung liefert. Aufgrund der Empfehlung in der Zeile 28 für den Drahtdurchmesser mit d'=4.576 wird für die Variante A(B) der Drahtdurchmesser mit 4.5 mm (5.0 mm) festgelegt.

Bei gleichem mittleren Windungsdurchmesser D=32 mm wird in der Zeile 30 die Anzahl der federnden Windungen mit 6.12 (9.33) empfohlen und mit 6.5 (9.5) festgelegt. Hiermit ergibt sich eine Länge des Federkörpers von 80 mm (102 mm).

Die Variante B ergibt mit einer Ist-Federrate von 20.45 N/mm eine bessere Annäherung an die Soll-Federrate von 20.83 N/mm als die Variante A mit 19.61 N/mm. Dafür besitzt Variante A - wie oben angegeben - einen kürzeren Federkörper als Variante B. Es ist nun zu entscheiden, ob der Grad der Annäherung u.U. wichtiger als ein kurzer Federkörper ist. Hinsichtlich der Drahtsorte, des Oberflächenzustands und der Einbauverhältnisse, d.h. des Knickfalls, sind beide Varianten gleichwertig.

Bei Variante C werden ein kleinerer äußerer Durchmesser von D_e=32 mm als bei A und B und der gleiche Drahtdurchmesser mit d=4.5 mm gewählt. Es ergeben sich eine etwas kürzere Feder als in Variante B und eine etwas bessere Annäherung des Istwertes der Federrate an den Sollwert als in Variante A. Im Gegensatz dazu werden an die Einbauverhältnisse bei Variante C höhere Anforderungen als bei den anderen Varianten gestellt.

Da man mit Hilfe der Tabellenkalkulation sehr leicht zu einer Aufgabenstellung mehrere Alternativlösungen berechnen kann, wird man in der Praxis eher geneigt sein, mehrere Varianten zu berechnen, um zu einer guten Lösung zu kommen.

◆ Aufgabe 3-1: Berechnung einer Ventilfeder

Ein zylindrische Schrauben-Druckfeder soll als Ventilfeder zwischen einer Vorbelastung F_1=300 N und der Höchtsbelastung F_2=650 N bei einem Hub s_h=14 mm mit hoher Lastspielzahl arbeiten. Aus konstruktiven Gründen kann die Feder nur mit einem Außendurchmesser $D_a \leq 37$ mm eingebaut werden.

Es sollen der Festigkeitsnachweis durchgeführt und die Werte für die Belastungszustände ermittelt werden.

Wie bereits in den Ausführungen zum Beispiel 3-1 erwähnt wurde, erfolgt das Arbeiten mit der Tabelle interaktiv und iterativ, d.h., der Benutzer arbeitet mit dem System im Dialog und geht u.U. aufgrund von Fehlerhinweisen eine oder mehrere Zeilen in der Tabelle zurück und ändert dort Eingabewerte. Diese Arbeitsweise wird in Bild 3-3 in modifizierter Form eines Programmablaufplans dargestellt.

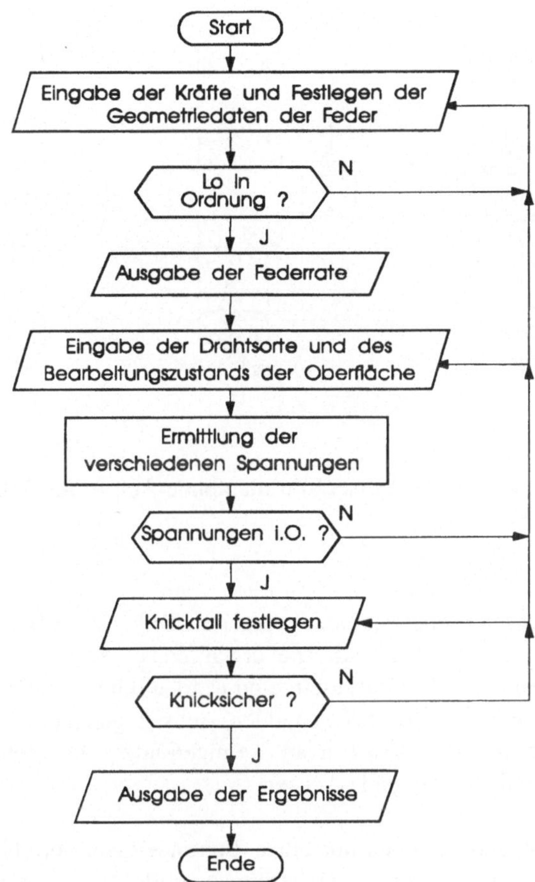

Bild 3-3: Arbeiten mit der Tabelle Feder

3.2 Ermittlung des Entwurfsdurchmessers von Achsen

3.2.1 Aufgabenstellung und Aufbau des Arbeitsblattes

Man versteht unter Achsen Maschinenelemente zum Tragen und Lagern von Laufrädern, Seilrollen, Hebeln und ähnlichen Bauteilen. Sie werden meist auf Biegung durch Querkräfte und weniger auf Zug oder Druck durch Längskräfte belastet. Hierbei wird zwischen feststehenden und umlaufenden Achsen unterschieden. Man vergleiche hierzu die folgende Abbildung nach Bild 11-1 aus [1].

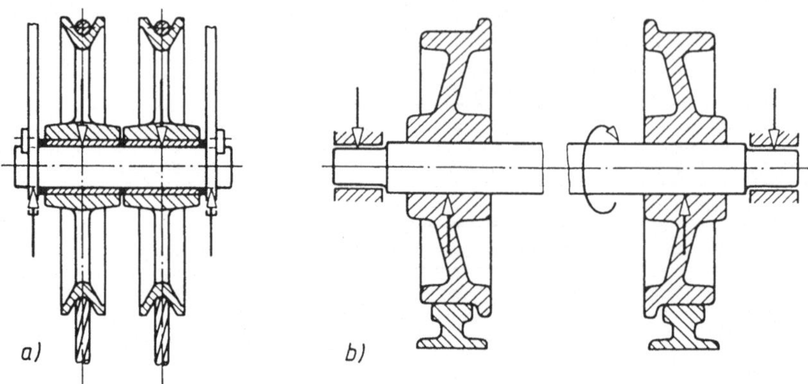

Bild 3-4 Achsen a) feststehende Achse, b) umlaufende Achse mit Achszapfen

Auf feststehenden Achsen drehen sich die gelagerten Teile, wie z.B. Seilrollen, lose. Ihre Belastung ist statisch oder schwellend. Die umlaufenden Achsen drehen sich mit den festsitzenden Bauteilen, wie z.B. Laufrädern, und werden schwellend belastet. Ihre Tragfähigkeit ist daher geringer als bei feststehenden Achsen gleicher Größe und gleichem Werkstoff. In Hinsicht auf Aus- und Einbau, Reinigen und Schmieren der Lager sind sie hingegen vorteilhafter als feststehende Achsen.

Achsen - wie auch Wellen - können nur unter Zugrundelegung der Gesamtkonstruktion, d.h. unter Berücksichtigung der mit ihnen verbundenen Bauteile, berechnet werden, dabei kann der erforderliche Einbauraum bereits vorgegeben oder noch nicht bekannt sein. Für den Fall, daß der Einbauraum nicht vorgegeben ist, erfolgt zunächst für den Durchmesser der Achse eine überschlägige Entwurfsberechnung.

Mit der Tabelle Achse kann für eine zweifach gelagerte und durch maximal drei Einzelkräfte belastete Achse eine solche Berechnung durchgeführt werden. Für die Belastung mit einer Einzelkraft gelten beispielsweise folgende Vereinbarungen:

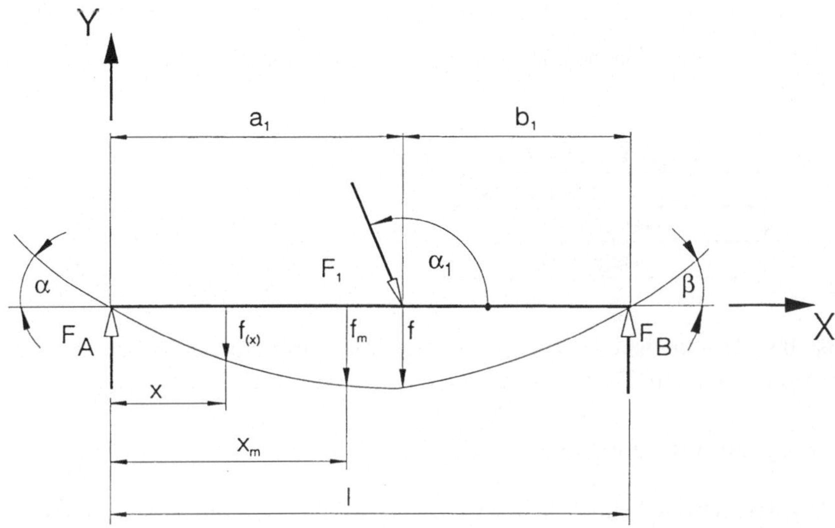

Bild 3-5: Belastungsfall einer Achse mit einer Einzelkraft

Für die durchzuführende Entwurfsberechnung sind als Eingangswerte erforderlich:

- Einzelkräfte F_1, F_2 und F_3 in N,
- Winkel α_1, α_2 und α_3 der Kräfte zur X-Achse in,
- Abstände a_1, a_2 und a_3 der Kräfte vom Lager A in mm,
- Lagerabstand l in mm,
- Zugfestigkeit R_m des Werkstoffes in N/mm^2,
- Lastfall I, II, oder III
- Durchmesserverhältnis $k = \frac{d_i}{d_a}$.

Nach den im Kapitel 11.2 aus [1] besprochenen Berechnungsgrundlagen werden ermittelt:

- Außen- und Innendurchmesser d_a und d_i der Achse in mm,
- Lagerkräfte F_A und F_B in N,
- Axialkraft F_a in N,
- Max. Biegemoment M_b in Nm,
- Max. Biegespannung σ_b i n N/mm^2,
- Max. Durchbiegung f_m in mm,
- Neigung $tan\alpha$ im Lager A,
- Neigung $tan\beta$ im Lager B,
- Graf für Biegelinienverlauf $f(x)$,
- Graf für Biegemomentenverlauf $M(x)$,
- Graf für Biegespannung $b(x)$,
- Graf für Querkraftverlauf $Q(x)$.

Die hierfür entwickelte Tabelle Achse hat folgenden allgemeinen Aufbau:

Eingabe aller Werte
Ausgabe der Ergebnisse
Wertetabellen
Hilfsgrößen

Dabei ist der Tabellenbereich für die Hilfsgrößen aufgrund der Beschränkungen der Demoversion neben dem Tabellenkopf im Zellenbereich I1..L33 angeordnet.

3.2.2 Arbeiten mit dem Arbeitsblatt Achse

Die wichtigsten Schritte beim Arbeiten mit dem Arbeitsblatt Achse sollen an dem Beispiel 3-2 näher besprochen werden.

■ Beispiel 3-2: Umlaufende Achse mit einer Einzellast

Eine umlaufende Achse aus St 50-2 wird mit einer Kraft F=1.1 kN wechselnd auf Biegung belastet. Der Lagerabstand beträgt l=560 mm. Die Kraft greift in einem Abstand a=140 mm vom Lager A senkrecht von oben an. Die Achse soll als Vollwelle ausgeführt werden.

Die obige Aufgabenstellung läßt sich wie folgt darstellen:

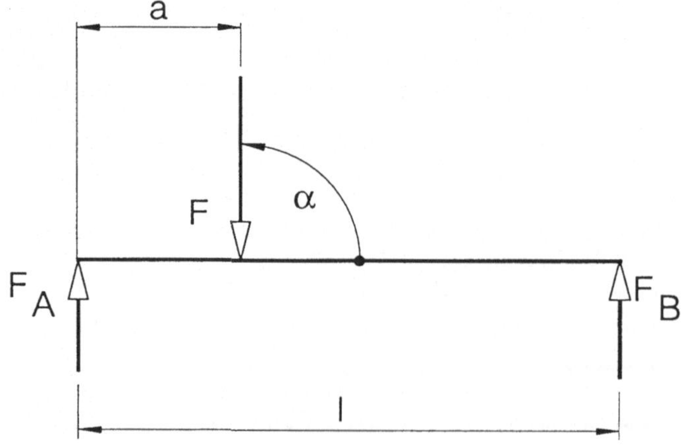

Bild 3-6: Belastungsfall der Achse vom Beispiel 3-2

Nach Aufruf der Tabelle erfolgt in den Zellen C16 bis E18 und C20 bis C23 die Festlegung der vorgegebenen Werte für die zu berechnende Achse.

	A	C	D	E	F–G
1					
2	Autrags Nummer:	Beispiel 3_2		Datum:	5-Feb-93
3	Bearbeiter	Meier		Arb. Blatt:.....	Achse
4					
5	Ermittlung des Richtdurchmessers d'				....
6	FA, FB, f(x), M(x), σ(x), FQ(x)				....
7					....
8	Träger auf 2 Stützen, Punktlast	Bemerkungen:			....
9	(maximal 3 Kräfte)				....
10	Roloff/Matek Maschinenelemente	überschlägige Berechnung			....
11	(TB 11-6, Zeile 2)				....
12					....
13					....
14	*** EINGABE ***	1	2	3	....
15					....
16	Kraft (N) .... F	11000	0	0	....
17	Winkel zur pos. x-Achse (°) α	90	0	0	....
18	Abstand WL F - Lager A (mm) a	140	0	0	....
19					....
20	Lagerabstand (mm) l	560	....		....
21	Zugfestigkeit (N/mm²) .....Rm	470	....		....
22	Lastfall II<2> oder III<3> ?.	3	bei Vollwelle		....
23	Durchm.Verhältnis k=di/da ...	0.0	ist k=0		....
24					....

Prinzipiell werden Kräfte durch ihren Betrag und den Winkel eingegeben, den sie mit der positiven x-Achse einschließen, und zwar unter Beachtung der im Bild 3-7 getroffenen Winkelfestlegung.

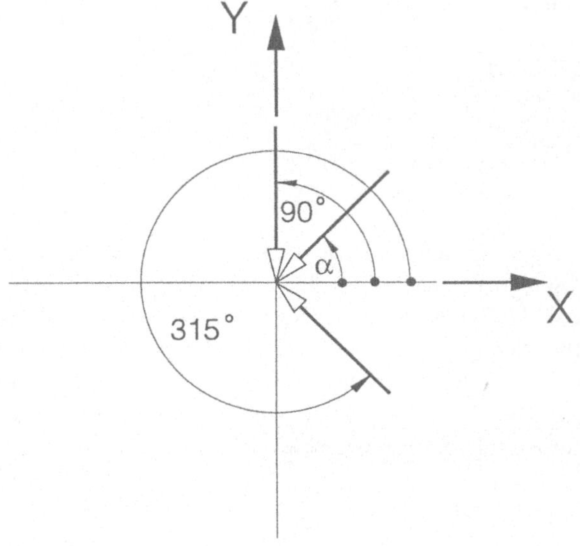

Bild 3-7: Festlegung eines Winkels für Kraftwirkungslinie

Der Wert der Zugfestigkeit R_m für den vorgesehenen Achsenwerkstoff ist der Werkstoff-Tabelle TB 1-4 in [2] zu entnehmen. In diesem Beispiel ergibt sich für den Stahl St 50-2 der Wert R_m=470 N/mm^2.

Für die Belastung einer zweifach gelagerten Achse sind drei Lastfälle möglich:

- Lastfall I für eine feststehende Achse mit statischer Belastung,
- Lastfall II für eine feststehende Achse mit schwellender Belastung und
- Lastfall III für eine umlaufende Achse mit wechselnder Belastung.

Im Arbeitsblatt kann zwischen den Lastfällen II und III gewählt werden. Für das Beispiel ist der Wert 3 für den Lastfall III einzugeben.

Da die Achse mit Kreisquerschnitt ausgelegt werden soll, muß für das Verhältnis von Innen- und Außendurchmesser der Wert Null eingegeben werden, da $d_i = 0$ ist.

Hieraus ergeben sich die Ergebnisse mit:

	A	B	C	D	E	F	G	H
25								
26								
27	*** AUSGABE ***		result.	Hinweise				
28			Werte					
29								
30	Außendurchmesser (mm) ......da≥		60	Nutschwächung				
31	Innendurchmesser (mm) ......di≤		0	berücksichtigen!				
32								
33	Lagerkraft (N) .... FA =		8250					
34	.... FB =		2750					
35	Axialkraft (N) .... Fa =		0					
36	max. Biegemoment (Nm) .... Mb ≈		1120	Näherungswert				
37	max. Biegespannung (N/mm²) σb ≈		54	"				
38	max. Durchbiegung (mm) ... fm ≈		0.2145	"				
39	Neigung im Lager A .... tanα ≈		0.0014	"				
40	Neigung im Lager B .... tanβ ≈		0.0010	"				

Aufgrund der in den Zellen C30 und C31 ermittelten Werte für den Außen- bzw. Innendurchmesser erfolgt nach DIN 323 (Normzahlen) oder nach den Normen für Rundstähle die vorläufige Auswahl der Norm-Durchmesser der Achse. Diese Auswahl muß unter Berücksichtigung einer eventuellen Nutschwächung durchgeführt werden. Beispielsweise ist der Norm-Durchmesser beim Vorliegen einer Paßfedernut - man vergleiche hierzu Bild 3-8 so zu wählen, daß die Differenz aus Norm-Durchmesser d und Nuttiefe t größer gleich dem berechneten Durchmesser d_r ist.

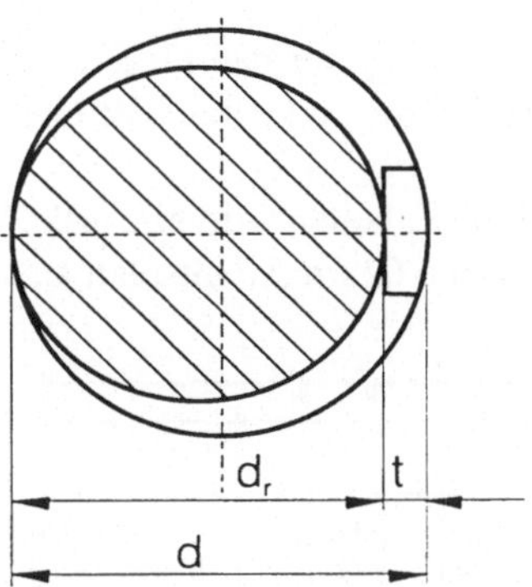

Bild 3-8: Rechnerischer Durchmesser d_r und Norm-Durchmesser d

Die ermittelten Werte für die Steigungen tan α und tan ß an den Lagerstellen und für die Durchbiegungen gelten nur für Stahlachsen, da der Wert für den Elastizitätsmodul mit E=210000 N/mm² bei den Hilfsgrößen in Zelle J6 vorgegeben ist.

Die für die Näherungsrechnungen und grafischen Darstellungen erforderlichen Wertetabellen enthalten jeweils 21 Stützstellen und werden analog zur im Kapitel 2.1 behandelten Vorgehensweise ermittelt. Der Beginn dieses Bereichs hat die Form:

A	B–C	D	E	F	G	H
*** WERTETABELLEN ***	Aufruf der Graphen mit ESC/G/N/U bzw. <F10>					
....	Zähler	0	1	2	3	4
....	x	0	25	51	76	102
....	f1(x)	0.0000	-0.0365	-0.0719	-0.1053	-0.135
........Durchbiegung f (mm)...	f2(x)	0.0000	0.0000	0.0000	0.0000	0.000
....	f3(x)	0.0000	0.0000	0.0000	0.0000	0.000
....	f(x)	0.0000	-0.0365	-0.0719	-0.1053	-0.135
....	f in µm	0	-36	-72	-105	-13
........Biegspannung σ (N/mm²)	σ(x)	0.0000	10.0488	20.0976	30.1465	40.195
........Querkraft FQ (N)....	FQges(x)	8250	8250	8250	8250	825
....	M1(x)	0.0	-210.0	-420.0	-630.0	-840.
........Biegemoment M (Nm)...	M2(x)	0.0	0.0	0.0	0.0	0.
....	M3(x)	0.0	0.0	0.0	0.0	0.
....	M(x)	0.0	-210.0	-420.0	-630.0	-840.

Nach dem Überlagerungsprinzip werden für jede Einzelkraft die zugehörigen Durchbiegungen, Biegemomente usw. und daraus die Gesamtwerte ermittelt.

Die Berechnung der obigen Tabellen wird mit zusätzlichen Hilfstabellen durchgeführt. Diese schließen sich ab Zeile 62 im Arbeitsblatt an.

	A	B–C	D	E	F	G	H
62							
63	F1						
64							
65	Durchbiegung für 0≤x≤a (mm) ..	f1(x)	0.0000	-0.0365	-0.0719	-0.1053	-0.1355
66	Durchbiegung für a≤x≤l (mm) ..	f1(x)	0.0000	-0.0154	-0.0620	-0.1017	-0.1348
67	Biegemoment für 0≤x≤a (Nm) ..	M1(x)	0.0	-210.0	-420.0	-630.0	-840.0
68	Biegemoment für a≤x≤l (Nm) ..	M1(x)	0.0	-1470.0	-1400.0	-1330.0	-1260.0
69	Querkraft FQ1 für 0≤x≤l (N) ..	FQ1(x)	8250.0	8250.0	8250.0	8250.0	8250.0
70							
71	F2						
72							
73	Durchbiegung für 0≤x≤a (mm) ..	f2(x)	0.0000	0.0000	0.0000	0.0000	0.0000
74	Durchbiegung für a≤x≤l (mm) ..	f2(x)	0.0000	0.0000	0.0000	0.0000	0.0000
75	Biegemoment für 0≤x≤a (Nm) ..	M2(x)	0.0	0.0	0.0	0.0	0.0
76	Biegemoment für a≤x≤l (Nm) ..	M2(x)	0.0	0.0	0.0	0.0	0.0
77	Querkraft FQ2 für 0≤x≤l (N) ..	FQ2(x)	0.0	0.0	0.0	0.0	0.0
78							
79	F3						
80							
81	Durchbiegung für 0≤x≤a (mm) ..	f3(x)	0.0000	0.0000	0.0000	0.0000	0.0000
82	Durchbiegung für a≤x≤l (mm) ..	f3(x)	0.0000	0.0000	0.0000	0.0000	0.0000
83	Biegemoment für 0≤x≤a (Nm) ..	M3(x)	0.0	0.0	0.0	0.0	0.0
84	Biegemoment für a≤x≤l (Nm) ..	M3(x)	0.0	0.0	0.0	0.0	0.0
85	Querkraft FQ3 für 0≤x≤l (N) ..	FQ3(x)	0.0	0.0	0.0	0.0	0.0
86							
87	Durchmesserverhältnis	k=di/da	0.000	0.045	0.091	0.136	0.182
88	Außendurchmesser da (mm) ..	da=f(k)	59.7083	59.7084	59.7097	59.7152	59.7301
89	Innendurchmesser di (mm) ..	di=f(k)	0.0000	2.7140	5.4282	8.1430	10.8600
90							

Weitere Werte für Hilfsgrößen, wie z.B. Flächenmoment und Elastizitätsmodul werden im Zellbereich I1..L33 berechnet bzw. vorgegeben.

Für die Gesamtverläufe des Beispiels ergeben sich folgende Grafiken:

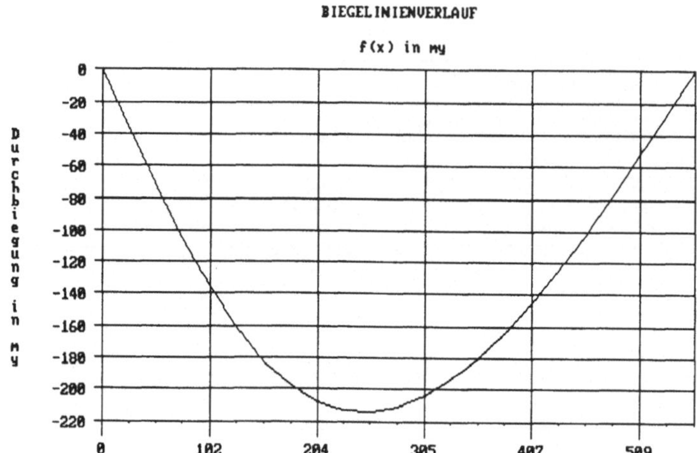

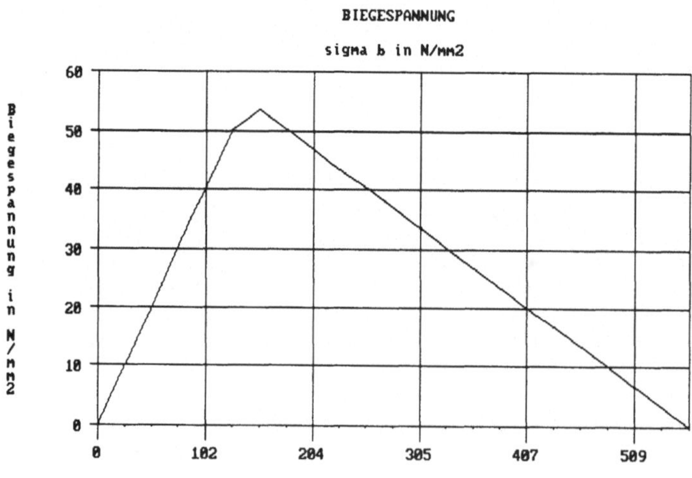

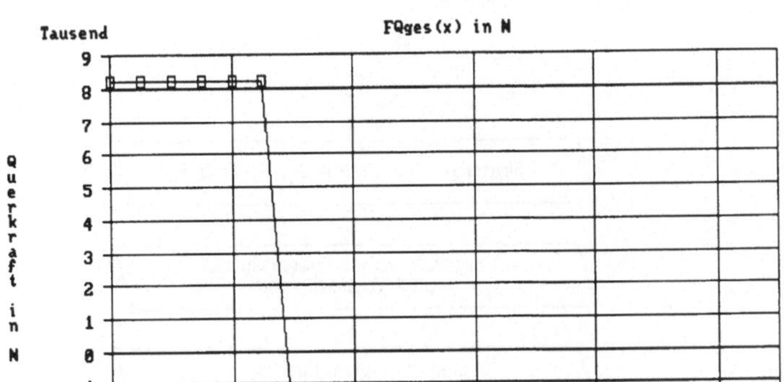
QUERKRAFTVERLAUF
FQges(x) in N
Tausend
9
8
7
6
5
4
3
2
1
0
-1
-2
-3
Querkraft in N
0
102
204
305
407
509
Abstand x vom Lager A in mm

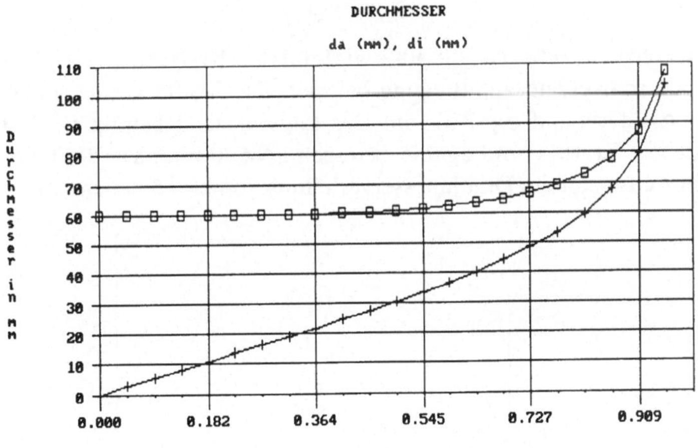
DURCHMESSER
da (mm), di (mm)
110
100
90
80
70
60
50
40
30
20
10
0
Durchmesser in mm
0.000
0.182
0.364
0.545
0.727
0.909
Durchmesserverhaeltnis k
da
di

Für das Arbeiten mit dem Arbeitsblatt Achse ist nach folgendem Ablaufplan vorzugehen:

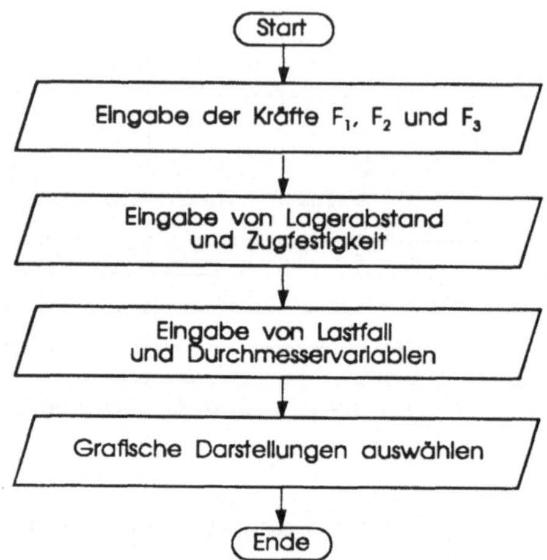

Bild 3-9: Arbeiten mit der Tabelle Achse

■ Beispiel 3-3: Feststehende Achse mit drei Einzelkräften

Eine feststehende Achse aus St 50-2 wird mit den Kräften F_1=1.1 kN, F_2=500 N und F_3=1.5 kN schwellend auf Biegung belastet. Die Kräfte greifen unter den Winkeln α_1=90°, α_2=270° und α_3=210° an. Der Lagerabstand beträgt l=2200 mm und die Abstände der Kräfte vom Lager A betragen a_1=600 mm, a_2=1000 mm und a_3=1600 mm. Die Achse soll ein Durchmesserverhältnis von k=0.5 haben.

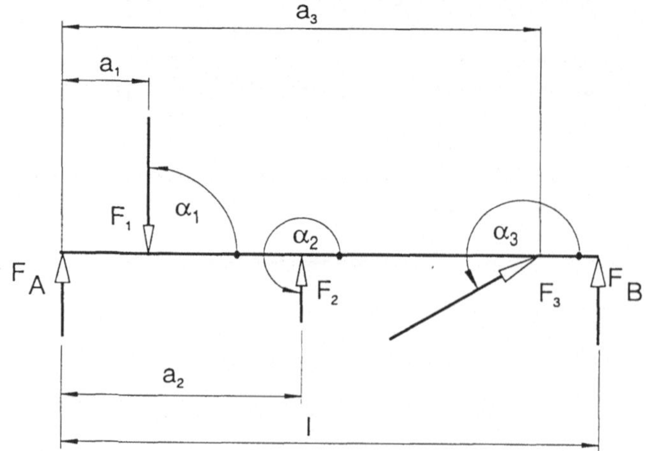

Bild 3-10: Belastungsfall der Achse vom Beispiel 3-3

Hierfür sind folgende Eingaben erforderlich:

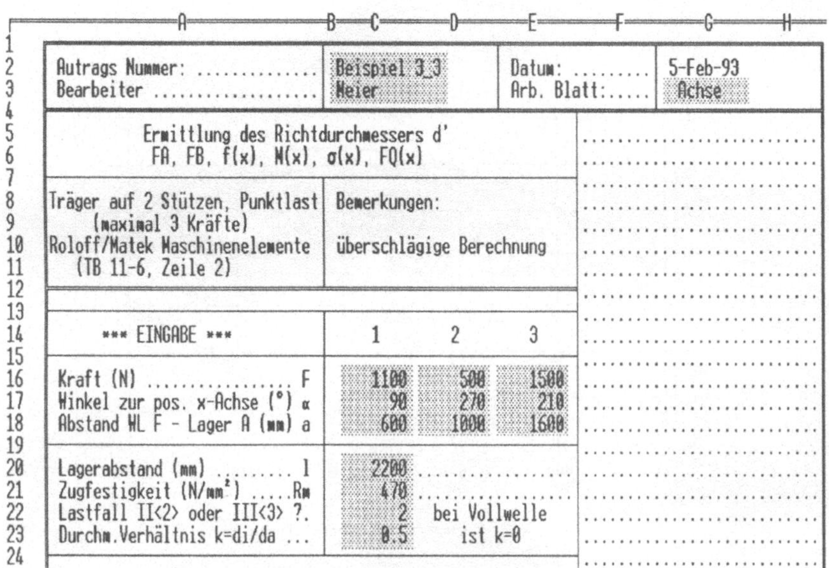

Autrags Nummer:	Beispiel 3_3	Datum:	5-Feb-93
Bearbeiter	Meier	Arb. Blatt:.....	Achse

Ermittlung des Richtdurchmessers d'
FA, FB, f(x), M(x), σ(x), FQ(x)

Träger auf 2 Stützen, Punktlast (maximal 3 Kräfte)	Bemerkungen:
Roloff/Matek Maschinenelemente (TB 11-6, Zeile 2)	überschlägige Berechnung

*** EINGABE ***	1	2	3
Kraft (N) .... F	1100	500	1500
Winkel zur pos. x-Achse (°) α	90	270	210
Abstand WL F - Lager A (mm) a	600	1000	1600
Lagerabstand (mm) l	2200		
Zugfestigkeit (N/mm²) .....Rm	470		
Lastfall II<2> oder III<3> ?.	2	bei Vollwelle	
Durchm.Verhältnis k=di/da ...	0.5	ist k=0	

Man erhält als Ergebnisse:

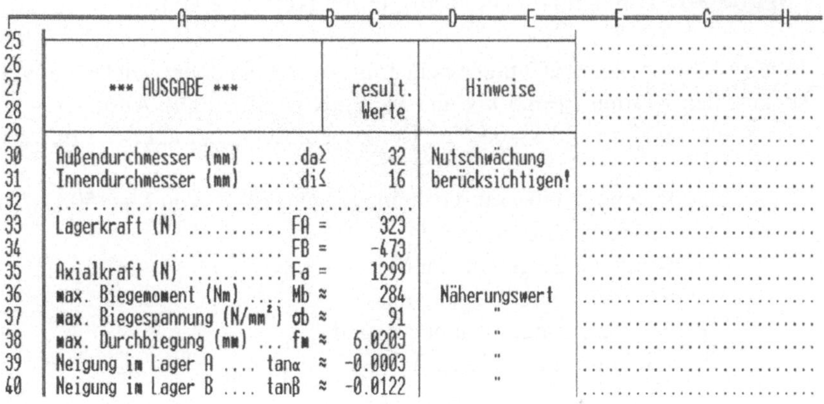

*** AUSGABE ***	result. Werte	Hinweise
Außendurchmesser (mm) ......da≥	32	Nutschwächung
Innendurchmesser (mm) ......di≤	16	berücksichtigen!
Lagerkraft (N) .... FA =	323	
.... FB =	-473	
Axialkraft (N) .... Fa =	1299	
max. Biegemoment (Nm) .... Mb ≈	284	Näherungswert
max. Biegespannung (N/mm²) σb ≈	91	"
max. Durchbiegung (mm) ... fm ≈	6.0203	"
Neigung im Lager A .... tanα ≈	-0.0003	"
Neigung im Lager B .... tanβ ≈	-0.0122	"

Die Durchbiegungen aufgrund der einzelnen Kräfte und die Gesamt-Durchbiegung der Achse liefern die Grafik:

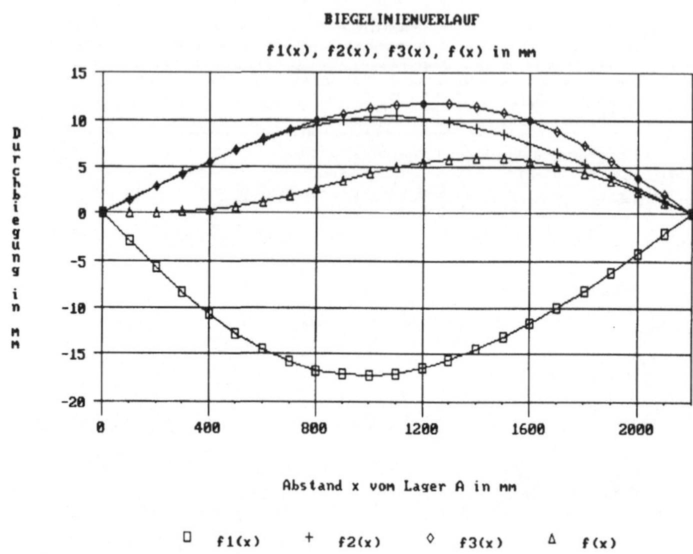

◆ Aufgabe 3-2: Entwurfsberechnung einer Getriebewelle

Eine zweifach gelagerte Getriebewelle trägt zwei Zahnräder, welche die Welle mit den senkrechten Kräften F_1=6.5 kN und F_2=2 kN belasten. Die Abstände vom Lager A betragen a_1=0.22 m und a_2=0.91 m. Der Lagerabstand beträgt l=1.2 m. Es sollen

- der Außendurchmesser d bei einer Zugfestigkeit von R_m =500 N/mm2,
- die Auflagerkräfte F_A und F_B,
- das maximale Biegemoment M_b,
- die maximale Durchbiegung f_m,
- die maximale Biegespannung s_b und
- die Neigungen in den Lagern

bestimmt werden.

3.3 Bestimmen der Grenzmaße und der Paßtoleranz

3.3.1 Aufgabenstellung und Aufbau des Arbeitsblattes

Die im Zusammenhang mit Toleranzen und Passungen wichtigsten Grundbegriffe sind: Nullinie, Nennmaß N, Grenzmaß G, Mindestmaß G_u (K), Höchstmaß G_o (G), Istmaß I, Abmaß A, unteres Grenzmaß A_u, oberes Grenzmaß A_o, Grundtoleranz Tg, Maßtoleranz T. Mit der untenstehenden Abbildung nach Bild 2-1 aus [1] sollen die obigen Begriffe kurz verdeutlicht werden.

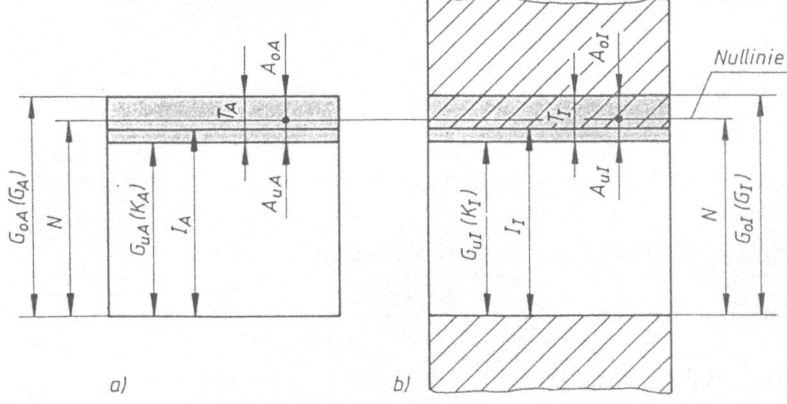

Bild 3-11: Maße und Abmaße a) Außenmaß (Index A), dargestellt an einer Welle b) Innenmaß (Index I), dargestellt an einer Bohrung

Eine ausführlichere Behandlung dieser und weiterer Begriffe findet sich ebenfalls in [1]. Hierzu gehört u.a. die Angabe der Lage des Toleranzfeldes durch Großbuchstaben für Innenmaße, z.B. Bohrungen, und durch Kleinbuchstaben für Außenmaße, z.B. Wellen. Im ISO-Toleranzsystem wird ein Toleranzfeld vollständig mit dem sogenannten ISO-Toleranzkurzzeichen beschrieben. Beispielsweise wird mit h7 für eine Welle durch den Buchstaben h die Lage und mit der Kennziffer 7 der Toleranzklasse die Größe des Toleranzfeldes angegeben.

Man versteht allgemein unter Passung die Beziehung zwischen gefügten und mit bestimmten Fertigungstoleranzen versehenen Teilen, die sich aus den Maßunterschieden der Paßflächen ergibt. Beipiele hierfür sind eine Gleitlagerung von Welle und Lager oder eine Klemmverbindung von Hebel und Nabe. Aufgrund der Lage der zugehörigen Toleranzfelder können die Höchstpassung Po und die Mindestpassung Pu bestimmt werden. Die Paßtoleranz PT ergibt sich aus der Differenz dieser beiden Größen.

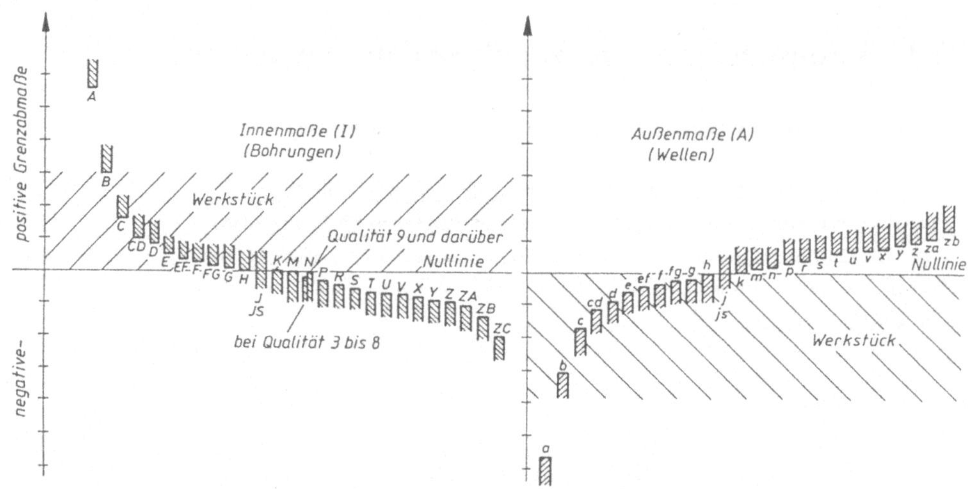

Bild 3-12: Lage der Toleranzfelder für gleichen Nennmaßbereich (schematisch)

Mit dem Arbeitsblatt Passung werden für die Eingangsgrößen:

- Nennmaß N in mm

und jeweils für Bohrung und Welle:

- ISO-Toleranzklasse,
- Grundtoleranz Tg in µm,
- Toleranzfeldlage und
- oberes oder unteres Abmaß A_o bzw. A_u in µm

aufgrund der in [1] behandelten Rechenschritte folgende Ausgangsgrößen ermittelt:

- Höchstpassung Po in µm,
- Mindestpassung Pu in µm und
- Paßtoleranz P_T in µm

und jeweils getrennt für Bohrung bzw. Welle:

- oberes und unteres Abmaß Ao und Au in µm und
- Mindest- und Höchstmaß Gu ind Go in mm.

Der Aufbau des Arbeitsblatts Passung ist wie folgt festgelegt:

Tabellenkopf
Eingabeteil
Ausgabeteil

3.3.2 Arbeiten mit dem Arbeitsblatt Passung

Das Arbeitblatt Passung ist nicht sehr umfangreich und wenig kompliziert, so daß das Arbeiten mit ihm relativ einfach ist. Mit der Berechnung der an einem Hebelgelenk auftretenden Passungen soll dies dargestellt werden.

■ Beispiel 3-4: Berechnen von Passungen

Für das in Bild 3-12 abgebildete Hebelgelenk ist zwischen dem Hebel A und der Gabel B ein Zylinderstift 16 m6x50 vorgesehen. Der mit einer Lagerbuchse versehene Hebel dreht sich um den in der Gabel festsitzenden Stift, wobei die Buchsenbohrung die ISO-Toleranz E8 besitzt. Die ISO-Passung zwischen Buchse und Hebelbohrung sei H7/r6. Die Gabelbohrungen haben die ISO-Toleranz H7. Das Nennmaß für die Hebelbohrung ist d1= 25mm. Man ermittle jeweils die Abmaße, die Mindest- und Höchstpassungen und die Paßtoleranz für die einzelnen Passungen an den Stellen:

(1) zwischen Stift und Gabelbohrungen,
(2) zwischen Buchse und Hebelbohrung und
(3) zwischen Stift und Buchsenbohrung.

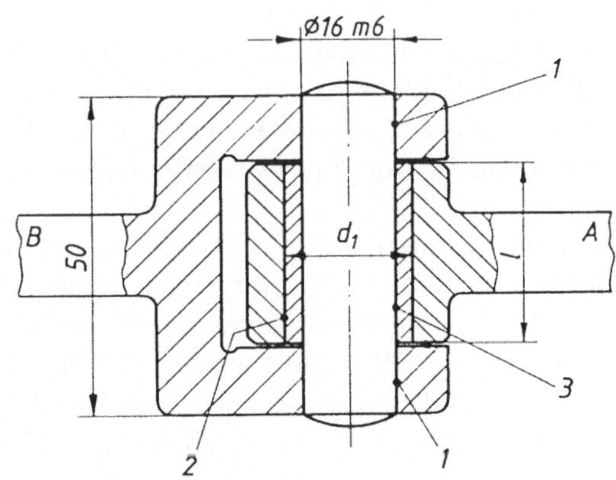

Bild 3-13: Hebelgelenk

Nach der Eingabe der durch die Aufgabenstellung und die Zeichnung festgelegten Werte besitzt der Eingabebereich der Tabelle folgendes Aussehen:

	A	B	C	D	E	F	G
1							
2	Tabellen-Name:		Beispiel 3-4		Datum:....		5-Feb-93
3	Bearbeiter:		Meier		Arb.Blatt:		Passung
4							
5	PASSUNGEN		Bemerkungen:				
6	Abmaße, Mindest- u. Höchstwerte						
7	Paßtoleranz						
8							
9	Alle Hinweise beziehen sich auf						
10	Roloff/Matek Maschinenelemente						
11	12. Auflage						
12							
13				Variante			....
14	*** EINGABE ***						....
15			A	B	C		....
16							....
17	Nennmaß (mm) ....N		16.00	25.00	16.00		....
18							....
19	*** BOHRUNG ***						....
20	Toleranzklasse		7	7	8		....
21	Grundtoleranz (µm) (TB2-1) Tg		18	21	27		....
22	Toleranzfeldlage		H	H	E		....
23	Grenzabmaß (µm) (TB2-3) ...AI		0	0	32		....
24	oberes <1> unteres <2> Abmaß?		2	2	2		....
25							....
26	*** WELLE ***						....
27	Toleranzklasse		6	6	6		....
28	Grundtoleranz (µm) (TB2-1) Tg		11	13	11		....
29	Toleranzfeldlage		m	r	m		....
30	Grenzabmaß (µm) (TB2-2) ...AA		7	28	7		....
31	oberes <1> unteres <2> Abmaß?		2	2	2		....

Offensichtlich werden die Passungen an den Stellen (1), (2) und (3) mit den drei Varianten A, B bzw. C berechnet. Die Eingabe der drei Nennmaße erfolgt in den Zellen C17, D17 und E17. In den Bereichen C20..E24 und C27..E31 werden die weiteren Daten für die Bohrungen bzw. Wellen eingegeben.

Die Grundtoleranzen in C21..E21 und C28..E28 ergeben sich aus den darüberstehenden Toleranzklassen durch Auswerten der Tabelle TB 2-1 in [2]. Bei dem vorliegenden Arbeitsblatt hat diese Auswertung noch 'per Hand' zu erfolgen. Bei Benutzung der Vollversion von WAF oder eines LOTUS 1-2-3 kompatiblen Systems kann das Arbeitsblatt größer sein und unter Berücksichtigung der im Kapitel 2.5 behandelten Methoden so erweitert werden, daß die Tabelle TB 2-1 als WAF-Datei in das Arbeitsblatt übernommen und automatisch ausgewertet wird. Dies gilt entsprechend für die Ermittlung der Grenzabmaße in C23..E23 und C30..E30 aus den in der Zeile darüber stehenden Lagen der Toleranzfelder nach der Tabelle TB 2-2 aus [2].

Aus den eingegebenden Werten erhält man die Ergebnisse:

*** AUSGABE ***			
*** BOHRUNG ***			
oberes Abmaß (µm) ....AoI	18	21	59
unteres Abmaß (µm) ....AuI	0	0	32
Mindestmaß (mm) ....GuI	16.000	25.000	16.032
Höchstmaß (mm) ....GoI	16.018	25.021	16.059
*** WELLE ***			
oberes Abmaß (µm) ....AoA	18	41	18
unteres Abmaß (µm) ....AuA	7	28	7
Mindestmaß (mm) ....GuA	16.007	25.028	16.007
Höchstmaß (mm) ....GoA	16.018	25.041	16.018
Höchstpassung (µm) ....Po	11	-7	52
Mindestpassung (µm) ....Pu	-18	-41	14
Paßtoleranz (µm) ....PT	29	34	38
Aufruf der Graphen mit <F10> bzw. ESC/G/N/U			

Anhand dieser Ergebnisse kann der Konstrukteur leicht überprüfen, ob die gewählten Toleranzgrößen und Abmaße die für die Funktion und die Austauschbarkeit gewünschten Passungen liefern. Aufgrund der Werte für die Mindestpassung P_u und die Höchstpassung P_o unterscheidet man folgende Passungsarten:

- Spielpassung für $P_u \geq 0$ und $P_o > 0$,
- Übergangspassung für $P_u < 0$ und $P_o > 0$ und
- Preßpassung für $P_u < 0$ und $P_o \leq 0$.

Offensichtlich ergeben sich für das Beispiel die geeigneten Passungen, und zwar Übergangspassungen an den Stellen (1), Preßpassungen an (2) und Spielpassungen an (3).

Mit dem Arbeitsblatt Passung können ferner für die einzelnen Varianten die zugehörigen Abmaße und Passungen grafisch dargestellt werden. Die Auswahl der jeweiligen Variante erfolgt aus dem Bereitschaftsmodus durch die Eingabe von:

<Escape>
Graph
Name
Use
Name der zu ladenden Grafik:

und Auswahl einer der angebotenen Grafiken bzw. Eingabe ihres Namens. Die zuletzt auf diese Weise vereinbarte Grafik kann nach Verlassen des Grafikmodus durch Drücken der Funktionstaste F10 direkt aktiviert werden.

Für die Variante A, d.h. für die Stellen (1), erhält man die Darstellung:

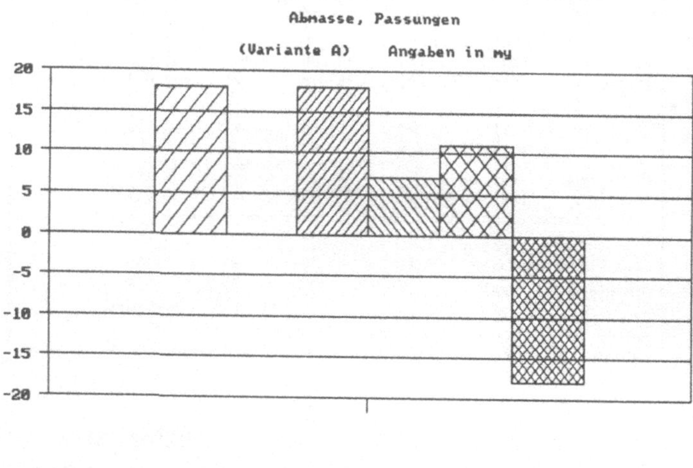

Beim Arbeiten mit dem Arbeitsblatt wird man im Regelfall wie folgt vorgehen:

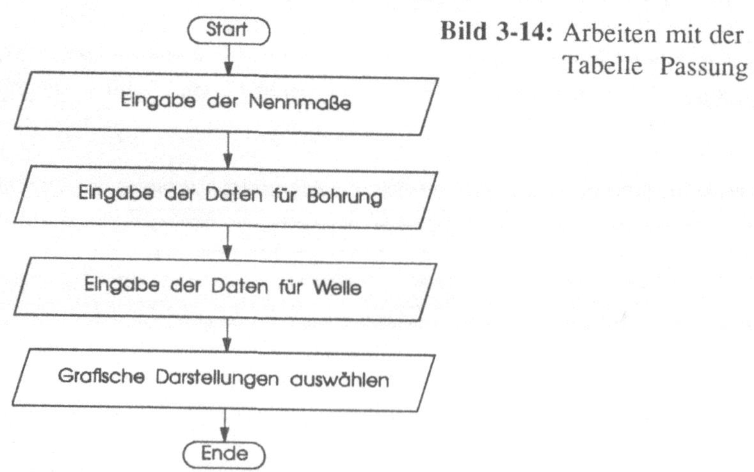

Bild 3-14: Arbeiten mit der Tabelle Passung

Ist man mit den erhaltenen Ergebnissen nicht zufrieden, so lassen sich durch Änderungen bei den einzugebenden Toleranzgrößen und Abmaßen Varianten durchrechnen. Um bessere Vergleichsmöglichkeiten bei den Lösungen zu haben, kann man durch zusätzliches Kopieren einer der Spalten C, D oder E Platz für weitere Varianten vorsehen.

◆ Aufgabe 3-3: Passungen für Zahnradwelle

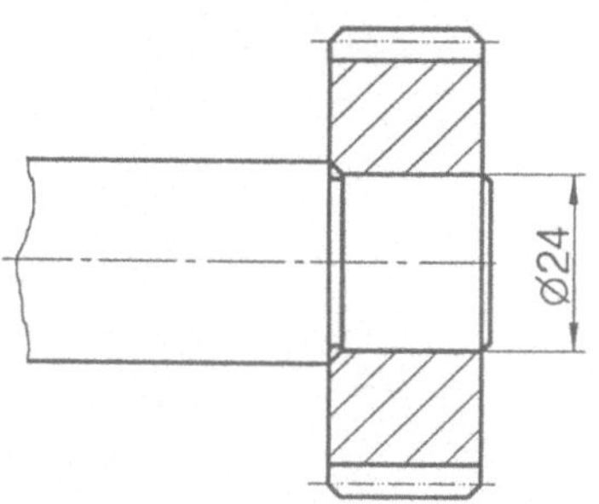

Zur sicheren Übertragung des Drehmoments wurde für die Verbindung Zahnrad / Welle die Passung H7/r6 vorgesehen.

Welche Grenzmaße (Höchstpassung und Mindestpassung) und Paßtoleranz ergeben sich damit?

3.4 Verzahnungsgeometrie von Stirnrädern bei vorgegebenem Achsabstand

3.4.1 Aufgabenstellung und Aufbau des Arbeitsblattes

Mit dem Arbeitsblatt Zr_Geo können einzelne Radpaare von Stirnradgetrieben mit Gerad- oder Schrägverzahnung und das zugehörige Flankenspiel berechnet werden, wobei der Achsabstand der Räder bekannt sein muß. Ferner muß eine Übersetzung ins Langsame vorliegen, d.h, die Übersetzung muß größer oder gleich Eins sein. Unter diesen Voraussetzungen ist eine Anwendung des Arbeitsblatts auf die im Bild 3-15 beispielhaft dargestellten Zahnradpaare möglich.

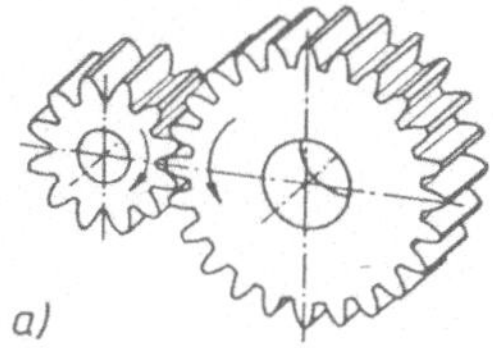

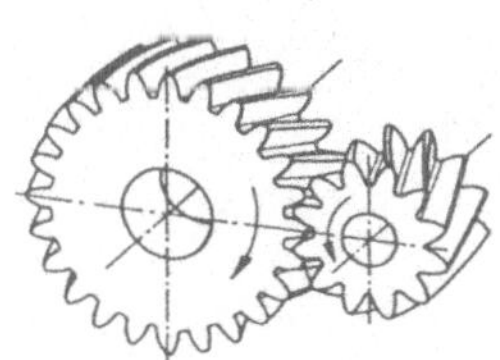

Bild 3-15:
Außenverzahntes Stirnradpaar,
a) mit Geradverzahnnung,
b) mit Schrägverzahnung

(Vgl. Bild 15-3 aus [1])

Hierbei wird - wie meist im Maschinenbau - wegen der einfachen und kostengünstigen Herstellung der Zahnräder die Evolventenverzahnung gewählt. Auf eine weitere Behandlung der theoretischen Grundlagen von Verzahnungen muß im Rahmen dieses Buches verzichtet werden. Alle hier benutzten Begriffe, Bezeichnungen und Formeln bauen auf dem Kapitel 15 von [1] auf und werden entsprechend in der Tabelle Zr_Geo verwendet.

Als Eingangsgrößen bei der Berechnung eines außenverzahnten Stirnradpaares mit Gerad- oder Schrägverzahnung sind erforderlich:

- Normaleingriffswinkel α_n in °,
- Schrägungswinkel β der Verzahnung in °,
- Achsabstand a in mm,
- Übersetzung i,
- Ritzelzähnezahl (treibendes Rad) z_1,
- Modul-Breitenverhältnis Ψ_m,
- Durchmesser-Breitenverhältnis Ψ_d,
- Zahnbreite des Ritzels b_1 in mm,
- Zahnbreite des getriebenen Rades b_2 in mm,
- Normal-Modul m_n nach DIN 780 in mm,
- Profilverschiebungsfaktor x_1 des Ritzels.

Hieraus werden eine Reihe von Größen berechnet, die man in radbezogene und allgemeine Größen für das Zahnradpaar unterteilen kann. Zu den radbezogenen Größen gehören:

- Zähnezahl z_2 des getriebenen Rades,
- Zähnezahlen z_{n1} und z_{n2} der Ersatzräder,
- Teilkreisdurchmesser d_1 und d_2 in mm,
- Betriebswälzkreisdurchmesser d_{w1} und d_{w2} in mm,
- Koppfkreisdurchmesser d_{a1} und d_{a2} in mm,
- Fußkreisdurchmesser d_{f1} und d_{f2} in mm,
- Grundkreisdurchmesser d_{b1} und d_{b2} in mm,
- Profilverschiebungsfaktor x_2,
- Profilverschiebungen V_1 und V_2 in mm,
- Zahndicken s_{t1}, s_{t2}, s_{n1} und s_{n2} in mm,
- Zahndicken s_{at1} und s_{at2} am Kopfkreis in mm,
- Verhältnisse s_{at1}/m_n und s_{at2}/m_n.

und zu den allgemeinen Größen:

- vorhandene Übersetzungsverhältnis i_{vorh},
- Abweichung des Übersetzungsverhältnis in %,
- Achsabstand a_d Nullgetriebe in mm,
- Kopfspiel c in mm,

- Kopfkürzung $k \cdot m_n$ in mm,
- Sprungüberdeckung ε_β,
- Profilüberdeckung ε_α,
- Gesamtüberdeckung ε.

Für die Ermittlung des Flankenspiels sind folgende Werte einzugeben:

- Verzahnungsqualität,
- Abmaßreihe
- Toleranzreihe
- obere Zahndickenabmaße A_{sne} in µm,
- Zahndickentoleranzen T_{sn} in µm,
- Zahndickenschwankung R_s in µm,
- Achsabstandsabmaße A_{ae} und A_{ai} in µm.

und man erhält als Ergebnisse:

- minimales und maximales theoretische Flankenspiel j_{tmin}, j_{tmax}
- Meßzähnezahlen k_1 und k_2,
- Zahnweiten-Nennmaße W_{k1} und W_{k2} und
- unteres und oberes Prüfmaß W_{ki} und W_{ke}.

Entsprechend hierfür besitzt das Arbeitsblatt folgenden Aufbau:

Tabellenkopf
Eingabe der erforderlichen Werte
Ausgabe der radbezogenen Ergebnisse
Ausgabe der allgemeinen Ergebnisse
Hilfsgrößen
Eingabe und Ausgabe von Werten für das Flankenspiel
Zusätzliche Hilfsgrößen

3.4.2 Das Arbeiten mit dem Arbeitsblatt Zr_Geo

Prinzipiell können mit dem Arbeitsblatt Zr_Geo jeweils zwei Varianten für eine Aufgabenstellung durchgerechnet werden. Nach jeder Eingabe wird eine Neuberechnung der gesamten Tabelle durchgeführt. So stehen dem Anwender für die weiteren Eingaben stets die aktuellsten Werte zur Verfügung. Auf diese Weise ist ein optimales Arbeiten gewährleistet.

Beispielsweise kann der Anwender voraufgegangene Eingaben ändern, wenn die vom System ausgegebenen Empfehlungen erkennen lassen, daß die zu erwartenden Ergebnisse nicht befriedigend sind. Mit dem folgenden Beispiel soll das Arbeiten mit der Tabelle Zr_Geo ausführlicher behandelt werden.

■ Beispiel 3-5: Berechnung eines schrägverzahnten Stirnradpaares

Durch ein Stirnradpaar mit einem Schrägungswinkel ß=18° und einem Achsenabstand a=115 mm soll eine Übersetzung i=2.357 realisiert werden. Für die Zähnezahl des treibenden Rades gelte z_1=14, und ferner sind die Zahnbreiten b_1=b_2=50 mm.

Aufgrund der Aufgabenstellung ist hier zunächst nur eine Variante zu berechnen. Die benötigten Werte sind im Bereich C16..D34 einzugeben, und zwar unter Beachtung der in der Spalte rechts daneben ausgegebenen Empfehlungen.

	A	C	D	F	G
1					
2	Auftrags Nummer:............	Beispiel 3_5		Datum:.....	5-Feb-93
3	Bearbeiter:	Meier		Arbt.Blatt:	ZR_Geo
4					
5	VERZAHNUNGSGEOMETRIE I	Bemerkungen:			
6	Achsabstand ist vorgegeben				
7					
8	Alle Hinweise beziehen sich auf			i ≥ 1	
9	ROLOFF/MATEK Maschinenelemente				
10	12. Auflage				
11					
12		Variante A		Variante B	
13	*** EINGABE ***				
14		EINGABE	AUSGABE	EINGABE	AUSGABE
15					
16	Normaleingriffswinkel (°) αn	20	....	NA	....
17	Schrägungswinkel (°) β	18	....	NA	....
18	Achsabstand (Vorgabe) (mm) a	115.000	....	NA	....
19	übersetzung (Vorgabe) i	2.357	....	NA	....
20	Ritzelzähnezahl (Vorwahl) z1	14	....	NA	....
21	Abweichung (%) delta i	———>	0	———>	NA
22	Psi m (TB15-13b) ———>	15	....	NA	....
23	Psi d (TB15-13a) ———>	0.5	....	NA	....
24	b1' (Empfehlung)	———>	70	———>	NA
25	b1''(Empfehlung)	———>	34	———>	NA
26	b1 (Festlegung) (mm) ———>	50	0	NA	NA
27	b2 (Festlegung) (mm) ———>	50	0	NA	NA
28	mn' (Empfehlung)	———>	4.65	———>	NA
29	mn (Festlegung n. TB15-1) ->	4.500	....	NA	....
30	x1min (bis zum Unterschnitt)	———>	-0.134	———>	NA
31	x2min (bis zum Unterschnitt)	———>	-1.433	———>	NA
32	Summe der PV-Faktoren (x1+x2)	———>	0.9370	———>	NA
33	x1 (Empfehlung)	———>	0.4832	———>	NA
34	x1 (Festlg. n. TB15-7) ———>	0.4000	0.5370	NA	NA
35					
36	Berechnung d. Flankenspiels ?	....	....	....	....
37	j <0> n <1> ———>	0	....	1	....
38	wenn ja, gehe mit <F5> zu I1	....	....	....	....

Da für die Variante B keine Eingaben erfolgt sind, steht in den jeweiligen Eingabezellen die Funktion NA für nicht angegebene Werte. Die Ausgaben ergeben sich automatisch.

Im allgemeinen Maschinenbau wird für Stirnräder mit Evolventenverzahnung nach DIN 3960 für Module m_n = 1...70 mm das Bezugsprofil nach DIN 867 angewendet. Aus diesem Grund sollte für den Normaleingriffswinkel $\alpha_n = 20°$ festgelegt werden.

Bei der Eingabe des Schrägungswinkels sind folgende Empfehlungen zu beachten:

- $\beta \approx$ 8..20° für Einfach- und Doppelschrägverzahnung und
- $\beta \approx$ 8..20° für Pfeilverzahnung.

Unter Beachtung dieser Werte wird die von β abhängige Axialkraft nicht zu groß und die Laufruhe des Getriebes ist gewährleistet. Für eine Geradverzahnung ist für β der Wert Null einzugeben.

Für die Festlegung der Zähnezahl z_1 des Ritzels sind nach Tabelle TB 15-12 aus [2] in Abhängigkeit von der Umfangsgeschwindigkeit v in m/s am Teilkreis folgende Werte möglich:

- $z_1 \approx$ 20...25 bei hohen Umfangsgeschwindigkeiten mit $v \geq 5$ m/s,
- $z_1 \approx$ 18...22 bei mittleren Umfangsgeschwindigkeiten mit v = 1...5 m/s und
- $z_1 \approx$ 15...20 bei kleinen Unfangsgeschwindigkeiten mit $v \leq 1$ m/s

Nach der Eingabe von z_1 wird intern die Zähnezahl z_2 des getriebenen Rades und hiermit die Abweichung der zugehörigen Übersetzung zur vorgegebenen bestimmt. Diese Abweichung delta i wird in % angezeigt, so daß der Anwender bei zu großer Abweichung durch eine Neueingabe von z_1 darauf reagieren kann. Zur Vermeidung eines periodischen Laufverhaltens sollten die endgültigen Werte für z_1 und z_2 möglichst keinen gemeinsamen Teiler besitzen.

Die Durchmesser- und Modul-Breitenverhältnisse Ψ_d und Ψ_m sind aus den Tabellen TB 15-13a bzw. TB 15-13b in [2] zu übernehmen. Bei größeren Schrägungswinkeln mit $\beta > 25°$ sollte Ψ_m den Wert 30 nicht überschreiten.

Die Zahnbreiten b_1 und b_2 für das Ritzel bzw. für das getriebene Rad werden aufgrund der Empfehlungen b_1' und b_1'' eingegeben. Dabei dürfen die Werte für b_1 und b_2 jeweils höchstens um 10% vom Mittelwert der empfohlenen Werte b_1' und b_1'' nach oben bzw. unten abweichen. Bei einer zu großen Abweichung wird dies mit der ERROR-Meldung angezeigt. Grundsätzlich sind möglichst große Zahnbreiten anzustreben, wobei die Zähne des Ritzels etwas breiter als die des getriebenen Rades sein sollten.

Die Festlegung des Normalmoduls m_n erfolgt nach Tabelle TB 15-1 in [2] unter Berücksichtigung des empfohlenen Wertes m_n'.

Der Profilverschiebungsfaktor x_1 für das Ritzel wird aufgrund der hierfür angezeigten Empfehlung aus dem Diagramm TB 15-7 ermittelt. Nach erfolgter Auswahl und Eingabe der obigen Größen erhält man im Tabellenbereich A39..G72 die Ergebnisse:

	A	B	C	D	F	G
39						
40	ZUSAMMENSTELLUNG DER GRöSSEN					
41						
42	radbezogene Ergebnisse		Rad 1	Rad 2	Rad 1	Rad 2
43						
44	Zähnezahl	z	14	33	NA	NA
45	Zähnezahl des Ersatzrades	zn	16.27	38.36	NA	NA
46	Zahnradbreite (mm)	b	50	50	NA	NA
47	Teilkreisdurchmesser (mm)	d	66.242	156.133	NA	NA
48	Betriebswälzkreis(mm)	dw	68.514	161.486	NA	NA
49	Kopfkreisdurchm. (mm)	da	78.034	169.158	NA	NA
50	Fußkreisdurchm. (mm)	df	58.592	149.716	NA	NA
51	Grundkreisdurchm.(mm)	db	61.866	145.819	NA	NA
52	Profilversch.-Faktor	x	0.400	0.537	NA	NA
53	Profilverschiebung (mm)	V	1.800	2.417	NA	NA
54	Zahndicke (Stirnschnitt)	st	8.881	9.377	NA	NA
55	Zahndicke (Normalschnitt)	sn	8.379	8.828	NA	NA
56	Zahndicke am Kopfkreis	sat	2.958	3.520	NA	NA
57	Verhältnis	sat/mn	0.66	0.78	NA	NA
58						
59	allgemeine Daten					
60						
61	Normaleingriffswinkel (°)	αn	20		NA	
62	Schrägungswinkel (°)	β	18		NA	
63	Übersetzungsverhältnis i	vorh	2.357		NA	
64	Abweichung (%)	delta i	0		NA	
65	Normalmodul (mm)	mn	4.50		NA	
66	Achsabstand (Nullgetriebe)	ad	111.187		NA	
67	(V-Getriebe)	a	115.000		NA	
68	Kopfspiel (mm)	c	1.125		NA	
69	Kopfkürzung (mm)	k•mn	-0.404		NA	
70	Sprungüberdeckung	εβ	1.093		NA	
71	Profilüberdeckung	εα	1.242		NA	
72	Gesamtüberdeckung	ε	2.334		NA	

Sind die Ergebnisse nicht zufriedenstellend, so kann man u.U. durch geeignete Neueingaben für bestimmte Größen zu einer besseren Auslegung des Zahnradpaares kommen. Für einen Vergleich bietet sich die Berechnung einer weiteren Variante an.

Geeignete Hinweise hierfür können sich auch aus der Auswertung der im Bereich A73..G94 dargestellten Hilfsgrößen ergeben.

	A	B	C	D	E	F	G
73							
74	** HILFSGRöSSEN (Geometrie) **						
75							
76	αt (°)			20.9419			NA
77	αwt (°)			25.4474			NA
78	αyt1, αyt2 für da		37.5511	30.4548		NA	NA
79	cosαwt			0.9030			NA
80	cos αyt1, αyt2 für da		0.7928	0.8620		NA	NA
81	tan(αn)			0.3640			NA
82	inv(αn)			0.0149			NA
83	inv(αt)			0.0172			NA
84	inv(αyt1), inv(αyt2) für da		0.1134	0.0564		NA	NA
85	inv(αwt) (Soll) ——>			0.0317			NA
86	inv(αwt) (Ist) ——>			0.0317			NA
87	d1' (ca.-Wert)			68.5136			NA
88	inαwt-inαt			0.0145			NA
89	2(x1+x2)/(z1+z2)*tanαn			0.0145			NA
90	....			17.2358			NA
91	....			13.8828			NA
92	Zahndicke am Kopfkreis san		2.3453	2.5501		NA	NA
93	Zähnezahlverhältnis u		2.3570			NA	
94							

Soll zusätzlich eine Berechnung des Flankenspiels durchgeführt werden, so muß man die Eingabe in der Zelle K6 mit den zusätzlichen Werten fortsetzen. Mit Hilfe der Funktionstaste F5 kann man zunächst den entsprechenden Ein- und Ausgabebereich I1..30 aktivieren.

Die Eingabe der zusätzlichen Werte erfolgt im wesentlichen unter Anwendung der Tabellen TB 15-9, TB 15-9a, TB 15-9b und TB 15-10 aus [2]. Hierbei gehen nicht alle so getroffenen Festlegungen in die eigentliche Berechnung ein, sondern sind nur vollständigkeitshalber einzugeben. Die Korrektheit der Verzahnungsqualität und der Achslage-Genauigkeitsklasse werden für beide Räder in den Zellen K18..L19 durch den Wert Eins angezeigt. Mit ERROR erfolgt der Hinweis, wenn dies nicht der Fall ist. Durch einen Rücksprung in den eigentlichen Eingabebereich und dort vorzunehmende Änderungen, kann man eine Neuberechnung des Zahnradpaares realisieren. Im behandelten Beispiel ist dies offensichtlich nicht nötig.

Die für die Ermittlung des Flankenspiels benötigten zusätzlichen Größen stehen im Bereich I31..O44.

	I	J	K	L	M	N	O
1							
2	Die Berechnung des Flankenspiels beruht auf den Zahnraddaten						
3							
4	Berechnung des Flankenspiels		Ritzel	Rad	Ritzel	Rad	
5							
6	Teilkreisdurchmesser (mm)	d	66.242	156.133	NA	NA	
7	Normalmodul (mm)	mn	4.50	....	NA	....	
8	Achsabstand (mm)	a	115.000	....	NA	....	
9							
10	Verzahnungsqualität	js ..	6	....	NA	....	
11	Abmaßreihe (TB15-9, Fußnote)		b	....	NA	....	
12	Toleranzreihe (TB15-9, Fußnote)		26	....	NA	....	
13	Dickenabm. (TB15-9a) µm	Asne	-230	-310	NA	NA	
14	Dickentol. (TB15-9b) µm	Tsn	100	130	NA	NA	
15	Dickenschwankung (TB15-9c)	Rs	22	22	NA	NA	
16	ob. Abmaß für a (TB15-10)	Aae	29	29	NA	NA	
17	unt. Abmaß für a (TB15-10)	Aai	-29	-29	NA	NA	
18	gew. Qual. ok <1> sonst ERROR		1	1	NA	NA	
19	Asne<Aai ok <1> sonst ERROR		1	1	NA	NA	
20							
21	Zusammenstellung der Größen						
22							
23	Verzahnungsqualität	js ..	6		NA		
24	theor. Flankenspiel (µm)	jtmin	519		NA		
25	theor. Flankenspiel (µm)	jtmax	791		NA		
26	Meßzähnezahl	k	2	5	NA	NA	
27	Zahnweiten-Nennmaß (mm)	Wk	26	59	NA	NA	
28	unteres Prüfmaß (mm)	Wki	25.961	58.607	NA	NA	
29	oberes Prüfmaß (mm)	Wke	26.055	58.729	NA	NA	
30							
31	*** HILFSGRÖSSEN (Flankenspiel) ***						
32							
33	Dickenabmaß (µm)	Asni	-330	-440	NA	NA	
34	Spieländerung (µm)	delta jae	----->	21.11	----->	NA	
35	Spieländerung (µm)	delta jai	----->	-21.11	----->	NA	
36	theor. Flankenspiel (µm)	jtmin	----->	519	----->	NA	
37	theor. Flankenspiel (µm)	jtmax	----->	791	----->	NA	
38	Meßzähnezahl	k	2	5	NA	NA	
39	Zahnweiten-Nennmaß (mm)	Wk	26	59	NA	NA	
40	Zahnweitenabmaß (µm)	Awi	-310	-413	NA	NA	
41	Zahnweitenabmaß (µm)	Awe	-216	-291	NA	NA	
42	unteres Prüfmaß (mm)	Wki	25.961	58.607	NA	NA	
43	oberes Prüfmaß (mm)	Wke	26.055	58.729	NA	NA	
44							

Beim Arbeiten mit dem Arbeitsblatt sollte man nach folgendem Plan vorgehen.

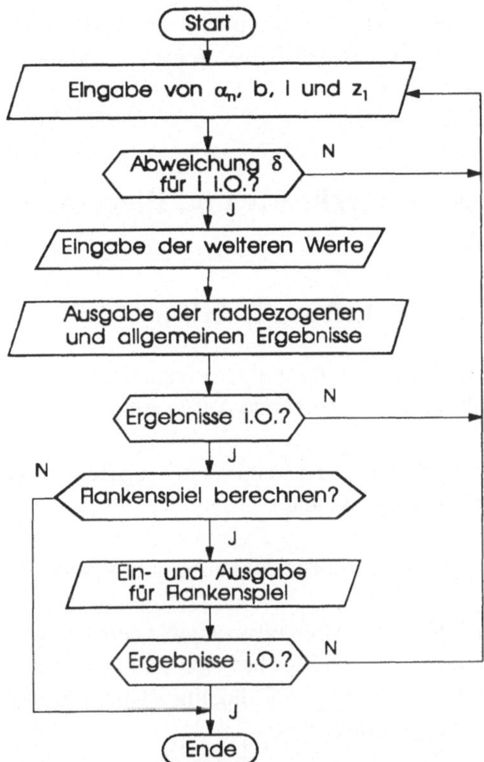

Bild 3-16: Arbeiten mit der Tabelle Zr_Geo

◆ Aufgabe 3-4: Berechnung eines geradverzahnten Stirnradpaares

Man berechne im Arbeitsblatt aus dem Beispiel 3-5 das Zahnradpaar mit gleichen Daten, aber für eine Geradverzahnung.

◆ Aufgabe 3-5: Endstufe eines Rührwerkgetriebes

Die Endstufe eines Rührwerkgetriebes soll als Schrägstirnradpaar mit einem Schrägungswinkel $\beta = 15°$ ausgeführt werden. Die Zähnezahl des Ritzels soll $z_1 = 14$ und der Profilverschiebungsfaktor $x_1 = +0.4$ betragen. Die Achsen haben einen Abstand von a = 560 mm und die Übersetzung beträgt i = 4.357.

Mit dem Arbeitsblatt Zr_Geo kann man zweistufige Stirnradgetriebe mit Gerad- und Schrägverzahnungen berechnen, indem man die beiden Stufen des Getriebes als Varianten A und B ermittelt, dabei lassen sich aufgrund des Zusammenhangs zwischen den Getriebestufen eine Reihe von Werten durch Kopieren übernehmen. Bei Vorliegen der Vollversion von WAF ist eine Erweiterung des Arbeitsblattes für drei- und mehrstufige Getriebe ohne weiteres denkbar.

3.5 Berechnung der Lagerkräfte und Biegemomente einer Getriebewelle

3.5.1 Aufgabenstellung und Aufbau des Arbeitsblattes

Im Konstruktionsalltag kommen sowohl für einen ersten Entwurf als auch in der Ausarbeitungsphase einer Konstruktion häufig folgende Aufgaben vor:

- die Ermittlung des maximalen Biegemoments zur Bestimmung des Durchmessers einer Welle und

- die Ermittlung der Lagerkräfte zur Dimensionierung eines Wälzlagers.

Beide Aufgaben erfordern einen hohen Zeitaufwand, wie beispielsweise bei der Berechnung einer Getriebewelle, wenn dort die Leistung über zwei schrägverzahnte Räder weitergeleitet werden soll und zusätzlich die jeweiligen Zahneingriffspunkte unter einem bestimmten Winkel zueinander versetzt angeordnet sind.

Mit der in diesem Abschnitt vorgestellten Tabelle GZW können für eine Getriebewelle - wie in Bild 3-17 dargestellt - relativ einfach und schnell die gesuchten Lagerkräfte und maximalen Biegemomente ermittelt werden. Die Berechnung dieser Größen erfolgt unter den folgenden Annahmen:

- Das Zahnrad der ersten Getriebestufe und das Ritzel der zweiten Getriebestufe sind zwischen den beiden Lagern angeordnet.

- Die Dreh- und Steigungsrichtung sind - in Richtung des Kraftflusses gesehen - ungleich.

- Beide Zahnräder besitzen die gleiche Schrägungsrichtung.

- Die Radkräfte an den jeweiligen Zahneingriffsstellen sind aus voraufgegangenen Berechnungen bekannt.

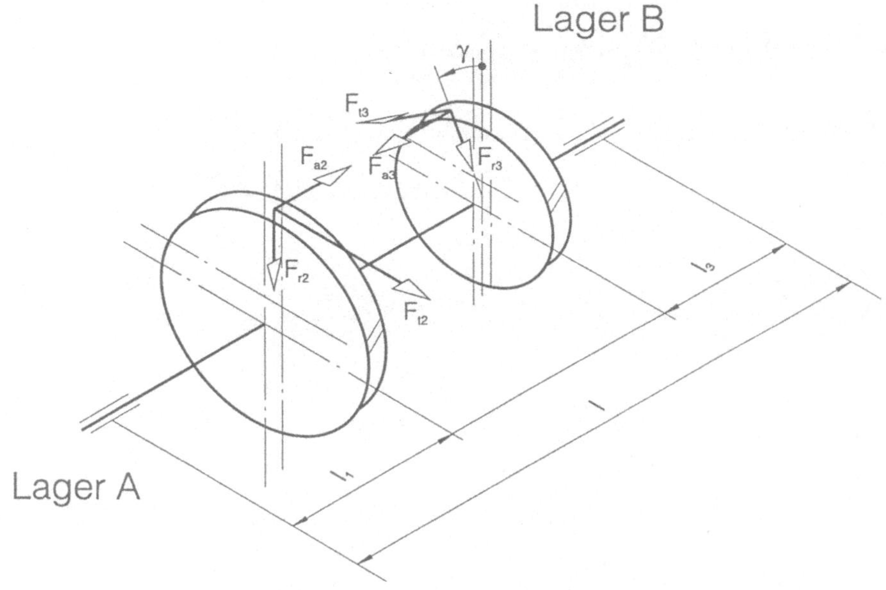

Bild 3-17: Getriebe-Zwischenwelle mit den Radkräften

Die Eingangsgrößen in der Tabelle GZW sind:

- Abstand l_1 des Rades 2 vom Lager A in mm,
- Abstand l_3 des Rades 3 vom Lager B in mm,
- Abstand l vom Lager A zum Lager B in mm,
- Wälzkreisdurchmesser d_{w2} und d_{w3} der Zahnräder in mm,
- Versatzwinkel der Zahneingriffsstelle γ von Rad 3 zu Rad 2 in °,
- Tangentialkräfte F_{t2} und F_{t3} in N,
- Radialkräfte F_{r2} und F_{r3} in N,
- Axialkräfte F_{a2} und F_{a3} in N.

Hiermit werden die Ausgangsgrößen:

- Resultierende radialen Lagerkräfte F_{Ares} und F_{Bres} in N,
- Axialkraft F_a in N,
- maximales Moment M_{max}' an der Stelle des Rades 2 in Nm und
- maximales Moment M_{max}'' an der Stelle des Ritzels 3 in Nm

berechnet, dabei setzen sich die resultierenden Lagerkräfte F_{Ares} und F_{Bres} aus einer Vielzahl von Einzelkomponenten zusammen, die sich mit Hilfe der statischen Gleichgewichtsbedingungen:

$$\sum M = 0 \ ; \ \sum F_x = 0 \ ; \ \sum F_y = 0.$$

bestimmen lassen. Man vergleiche hierzu die folgende Darstellung:

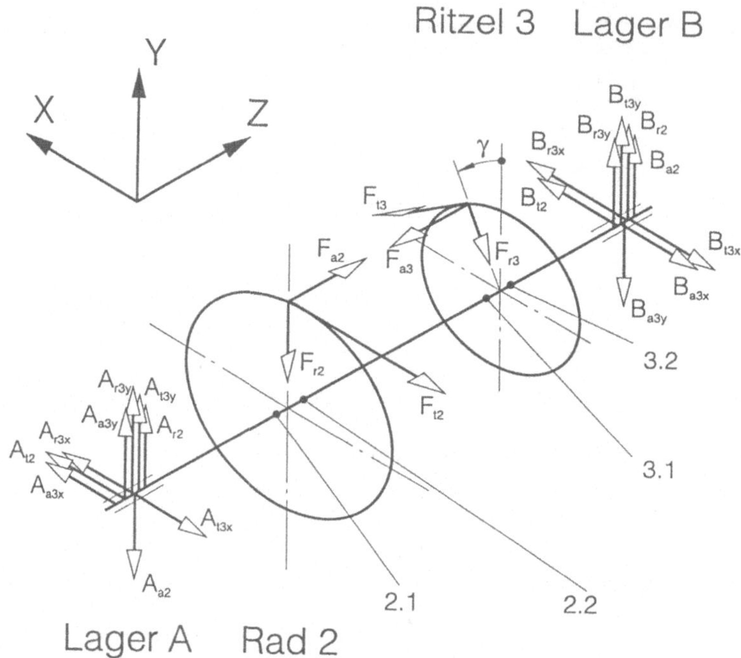

Bild 3-18: Perspektivische Skizze der Einzelkomponenten der Lagerkräfte

Die maximalen Momente M_{max}' und M_{max}'' für das Rad 2 bzw. für das Ritzel 3 werden ermittelt, indem für beide Fälle zwei Momente berechnet werden, von denen jeweils das größere als Ergebnis gewählt wird.

Darauf aufbauend besitzt das Arbeitsblatt GZW folgende Struktur:

Tabellenkopf
Eingabe der vorgegebenen Geometriedaten und Kräfte
Ausgabe der ermittelten Lagerkräfte und Biegemomente
Ermittlung und Ausgabe von Hilfsgrößen

3.5.2 Arbeiten mit dem Arbeitsblatt GZW

Mit dieser Tabelle wird weniger interaktiv gearbeitet als beispielsweise mit der Tabelle zur Berechnung einer Schraubendruckfeder. Die Arbeitsweise entspricht hier mehr der herkömmlichen Form mit Eingabe der vorgegebenen Daten, Verarbeitung dieser Daten und Ausgabe der daraus ermittelten Größen. Mit dem folgenden Beispiel sollen die einzelnen Schritte genauer beschrieben werden.

■ Beispiel 3-6: Getriebe-Zwischenwelle mit schrägverzahnten Rädern

Für ein Drei-Wellen-Getriebe mit schrägverzahnten Rädern sind gegeben:

- Abstand vom Rad 2 zum Lager A = 45 mm
- Abstand vom Ritzel3 zum Lager B = 51 mm
- Abstand der beiden Lager voneinander = 199 mm
- Wälzkreisdurchmesser vom Rad 2 = 200.482 mm
- Wälzkreisdurchmesser vom Ritzel 3 = 66.032 mm
- Versatzwinkel der beiden Zahneingriffsstellen = 0°
- Tangentialkraft am Rad 2 = 5776 N
- Radialkraft am Rad 2 = 2187 N
- Axialkraft am Rad 2 = 1656 N
- Tangentialkraft am Ritzel 3 = 17536 N
- Radialkraft am Ritzel 3 = 6578 N
- Axialkraft am Ritzel 3 = 4372 N

Man ermittle die resultierenden Lagerkräfte F_{Ares} und F_{Bres}, die vom Festlager aufzunehmende Axialkraft F_a und die maximalen Biegemomente M_{max}' und M_{max}'' an den Stellen Rad 2 bzw. Ritzel 3.

Nach dem Aufruf der Tabelle GZW wird in den Zeilen 16 bis 21 die Eingabe der vorgegebenen Geometriedaten vorgenommen. Die mit einer vorgeschalteten Berechnung ermittelten an Rad 2 und Ritzel 3 wirkenden Kräfte werden in den Zeilen von 24 bis 26 und von 29 bis 31 eingegeben. Die Eingaben erfolgen ohne zusätzliche Hinweise und ohne Datenkontrolle. Der Anwender muß über Grundkenntnisse in der Behandlung solcher Zwischenwellen verfügen und selbst die Eingabe von zulässigen Werten kontrollieren.

Zeile	A–B	C–D	E–F	G–H
1				
2	Auftrags Nummer:...............................	Beispiel 3-6	Datum:......	5-Feb-93
3	Bearbeiter:....................................	Meier	Arb. Blatt:.	GZW
4				
5		Bemerkungen:		
6	GETRIEBE-ZWISCHENWELLE			
7	(Lagerkräfte, Biegemomente)			
8	Rad 2 und Ritzel 3 zw. den Lagern angeordnet			
9	Dreh- und Steigungsrichtung sind ungleich!			
10	Radkräfte sind bereits bekannt			
11				
12				....
13	*** EINGABE ***	Variante	Variante	....
14		A	B	....
15				....
16	Abstand Rad 2 - Lager A (mm) l1	45.000	NA	....
17	Abstand Ritzel 3 - Lager B (mm) l3	51.000	NA	....
18	Abstand Lager A - Lager B (mm) l	199.000	NA	....
19	Wälzkreisdurchmesser (mm) dw2	200482.000	NA	....
20	Wälzkreisdurchmesser (mm)..........dw3	66.032	NA	....
21	Versatz d. Zahneingriffsstelle 3 zu 2 (°) ..γ	0.000	NA	....
22				....
23	***** KRÄFTE RAD 2 *****			....
24	Tangentialkraft (N) Ft2	5776.000	NA	....
25	Radialkraft (N) Fr2	2187.000	NA	....
26	Axialkraft (N) Fa2	1656.000	NA	....
27				....
28	***** KRÄFTE RITZEL 3 *****			....
29	Tangentialkraft (N) Ft3	17536.000	NA	....
30	Radialkraft (N) Fr3	6578.000	NA	....
31	Axialkraft (N) Fa3	4372.000	NA	....

Die Ausgabe der Ergebnisse erfolgt in den Zeilen 37 bis 41.

Zeile	A–B	C–D	E–F	G–H
32				....
33				....
34	*** AUSGABE ***	Variante	Variante	....
35		A	B	....
36				....
37	FAres (result. radiale Lagerkraft) (N) =	830063	NA	....
38	FBres (result. radiale Lagerkraft) (N) =	838910	NA	....
39	Fa (vom Festlager aufzunehmende Axialkr.) (N)=	2716	NA	....
40	Mmax' (Stelle Rad 2) (Nm) =	128646.3	NA	....
41	Mmax''(Stelle Ritzel 3) (Nm) =	42928.7	NA	....

In dem Zeilenbereich von 45 bis 77 werden die erforderlichen Zwischenwerte ermittelt und dargestellt. Hier besteht für den Anwender die Möglichkeit, anhand der einzelnen Werte die Berechnung nachzuvollziehen oder zusätzliche Informationen über Lagerkräfte und Momente der Welle zu gewinnen.

	A / B	C / D	E / F	G–I
42				....
43	*** Hilfsgrößen ***			....
44				....
45	At2 (N) ....≈	4469.869	NA	....
46	Ar2 (N) ....≈	1692.452	NA	....
47	Aa2 (N) ....≈	-834166.312	NA	....
48	At3x (N) ....≈	-4494.151	NA	....
49	At3y (N) ....≈	0.000	NA	....
50	Ar3x (N) ....≈	0.000	NA	....
51	Ar3y (N) ....≈	1685.819	NA	....
52	Aa3x (N) ....≈	0.000	NA	....
53	Aa3y (N) ....≈	725.357	NA	....
54	Bt2 (N) ....≈	1306.131	NA	....
55	Br2 (N) ....≈	494.548	NA	....
56	Ba2 (N) ....≈	834166.312	NA	....
57	Bt3x (N) ....≈	-13041.849	NA	....
58	Bt3y (N) ....≈	0.000	NA	....
59	Br3x (N) ....≈	0.000	NA	....
60	Br3y (N) ....≈	4892.181	NA	....
61	Ba3x (N) ....≈	0.000	NA	....
62	Ba3y (N) ....≈	-725.357	NA	....
63				....
64	Lagerkraft in x-Richtung Ax ....≈	-24.281	NA	....
65	Lagerkraft in y-Richtung Ay ....≈	-830062.684	NA	....
66	Lagerkraft in x-Richtung Bx ....≈	-11735.719	NA	....
67	Lagerkraft in y-Richtung By ....≈	838827.684	NA	....
68	M2x (Stelle 2.2 Rad 2) ....≈	-1.093	NA	....
69	M2y (Stelle 2.2 Rad 2) ....≈	128646.275	NA	....
70	M2max' (Stelle 2.1 Rad 2) ....≈	37352.821	NA	....
71	M2max" (Stelle 2.2 Rad 2) ....≈	128646.275	NA	....
72	M3x (Stelle 3.1 Ritzel 3) ....≈	-598.522	NA	....
73	M3y (Stelle 3.1 Ritzel 3) ....≈	42924.558	NA	....
74	M3max' (Stelle 3.1 Ritzel 3) ....≈	42928.730	NA	....
75	M3max" (Stelle 3.2 Ritzel 3) ....≈	42784.399	NA	....
76	cosγ ....≈	1.000	NA	....
77	sinγ ....≈	0.000	NA	....
78				

Das Arbeiten mit der Tabelle GZW läßt sich als Ablaufplan folgendermaßen darstellen:

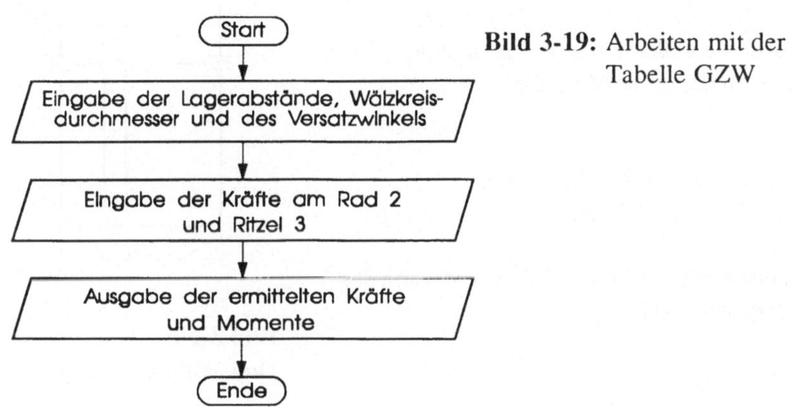

Bild 3-19: Arbeiten mit der Tabelle GZW

◆ Aufgabe 3-6: Ermitteln von Varianten für eine Getriebe-Zwischenwelle

Für die im vorausgegangenen Beispiel berechnete Zwischenwelle ermittele man zwei Varianten, indem man einerseits andere Lagerabstände vorgibt bzw. andererseits einen neuen Versatzwinkel wählt.

Unabhängig von den gemachten Einschränkungen für die Ermittlung einer Getriebe-Zwischenwelle kann die Tabelle auf Berechnungen von Wellen angewandt werden, bei denen diese Bedingungen nicht gelten. So können Wellen mit geradverzahnten Rädern berechnet werden, indem man für die axialen Kräfte - entsprechend der tatsächlich wirkenden Kräfte - jeweils den Wert Null eingibt. Im nächsten Beispiel wird auf diese Weise die Zwischenwelle für ein Drei-Wellen-Stirnradgetriebe bestimmt.

■ Beispiel 3-7: Berechnung einer Zwischenwelle bei Geradverzahnung

Für das unten skizzierte Drei-Wellen-Stirnradgetriebe mit geradverzahnten Rädern sollen die Lägerkräfte und maximalen Biegemomente der Welle II ermittelt werden.

Die Durchmesser der Wälzkreise betragen:

- d_{w2} des Rades 2 = 200 mm
- d_{w3} des Ritzels 3 = 100 mm

Aus einer Vorberechnung haben sich ferner folgende Werte für die Radkräfte ergeben:

- Tangentialkraft am Rad 2 = 689 N
- Radialkraft am Rad 2 = 254 N
- Tangentialkraft am Ritzel 3 = 1280 N
- Radialkraft am Ritzel 3 = 466 N

Man ermittle außerdem eine Variante der Welle, indem man durch die Vorgabe:

- Versatzwinkel der beiden Zahneingriffsstellen = 270°

eine entsprechende konstruktive Änderung des Getriebes berücksichtigt.

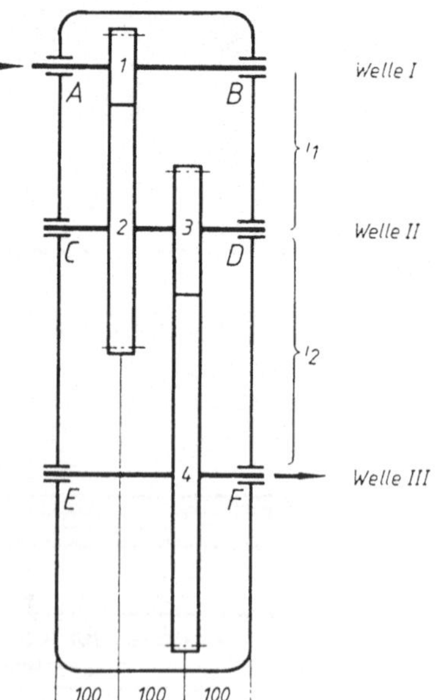

Bild 3-20:
Drei-Wellen-Stirnradgetriebe

Für den Eingabeteil der Tabelle ergibt sich:

Auftrags Nummer:..............................	Beispiel 3-7	Datum:......	5-Feb-93
Bearbeiter:...................................	Meier	Arb. Blatt:.	GZW
GETRIEBE-ZWISCHENWELLE (Lagerkräfte, Biegemomente) Rad 2 und Ritzel 3 zw. den Lagern angeordnet Dreh- und Steigungsrichtung sind ungleich! Radkräfte sind bereits bekannt	Bemerkungen:		
*** EINGABE ***	Variante A	Variante B	
Abstand Rad 2 - Lager A (mm) l1	100.000	100.000	
Abstand Ritzel 3 - Lager B (mm) l3	100.000	100.000	
Abstand Lager A - Lager B (mm) l	300.000	300.000	
Wälzkreisdurchmesser (mm) dw2	200.000	200.000	
Wälzkreisdurchmesser (mm).........dw3	100.000	100.000	
Versatz d. Zahneingriffsstelle 3 zu 2 (°) ..γ	100.000	270.000	
***** KRÄFTE RAD 2 *****			
Tangentialkraft (N) Ft2	689.000	689.000	
Radialkraft (N) Fr2	254.000	254.000	
Axialkraft (N) Fa2	0.000	0.000	
***** KRÄFTE RITZEL 3 *****			
Tangentialkraft (N) Ft3	1280.000	1280.000	
Radialkraft (N) Fr3	466.000	466.000	
Axialkraft (N) Fa3	0.000	0.000	

Man erhält damit als Ergebnis:

*** AUSGABE ***	Variante A	Variante B
FAres (result. radiale Lagerkraft) (N) =	887	398
FBres (result. radiale Lagerkraft) (N) =	1107	773
Fa (vom Festlager aufzunehmende Axialkr.) (N)=	0	0
Mmax' (Stelle Rad 2) (Nm) =	88.7	39.8
Mmax''(Stelle Ritzel 3) (Nm) =	110.7	77.3

Offensichtlich wird dic Zwischenwelle für die Variante B geringer belastet als die der Variante A, d.h. die vorgesehene konstruktive Änderung des Getriebes liefert eine 'bessere' Zwischenwelle. Der Grund für die geringeren Kräfte und Momente in Variante B liegt am Versatz der Zahneingriffspunkte.

Hierdurch ergeben sich Einzelkräfte, die einander entgegen wirken und somit zu kleineren Gesamtkräften und entsprechend kleineren Momenten führen. Dieser Sachverhalt wird durch die Betrachtung der Zwischengrößen bestätigt.

	A–B	C–D	E–F	G–H
42				
43	*** Hilfsgrößen ***			
44				
45	At2 (N)	459.333	459.333	
46	Ar2 (N)	169.333	169.333	
47	Aa2 (N)	0.000	0.000	
48	At3x (N)	74.090	0.000	
49	At3y (N)	420.185	-426.667	
50	Ar3x (N)	152.973	-155.333	
51	Ar3y (N)	-26.973	0.000	
52	Aa3x (N)	0.000	0.000	
53	Aa3y (N)	0.000	0.000	
54	Bt2 (N)	229.667	229.667	
55	Br2 (N)	84.667	84.667	
56	Ba2 (N)	0.000	0.000	
57	Bt3x (N)	148.180	0.000	
58	Bt3y (N)	840.369	-853.333	
59	Br3x (N)	305.947	-310.667	
60	Br3y (N)	-53.947	0.000	
61	Ba3x (N)	0.000	0.000	
62	Ba3y (N)	0.000	0.000	
63				
64	Lagerkraft in x-Richtung Ax	686.397	304.000	
65	Lagerkraft in y-Richtung Ay	562.545	-257.333	
66	Lagerkraft in x-Richtung Bx	683.793	-81.000	
67	Lagerkraft in y-Richtung By	871.089	-768.667	
68	M2x (Stelle 2.2 Rad 2)	68.640	30.400	
69	M2y (Stelle 2.2 Rad 2)	56.254	-25.733	
70	M2max' (Stelle 2.1 Rad 2)	88.747	39.829	
71	M2max" (Stelle 2.2 Rad 2)	88.747	39.829	
72	M3x (Stelle 3.1 Ritzel 3)	68.379	-8.100	
73	M3y (Stelle 3.1 Ritzel 3)	87.109	-76.867	
74	M3max' (Stelle 3.1 Ritzel 3)	110.742	77.292	
75	M3max" (Stelle 3.2 Ritzel 3)	110.742	77.292	
76	cosγ	-0.174	0.000	
77	sinγ	0.985	-1.000	
78				

Entsprechend der Anwendung des Arbeitsblattes auf Getriebe mit Geradverzahnung sind Berechnungen für weitere Fälle möglich, bei denen die gemachten Einschränkungen für das Getriebe nicht vorliegen. Diese zusätzliche Anwendungsvielfalt der Tabelle setzt entsprechende Grundkenntnisse des Anwenders in der rechnerischen Behandlung solcher Aufgaben voraus. Exemplarisch sollen hier drei weitere Anwendungen dieser Art kurz angegeben werden.

Ein Getriebe mit einer Umkehr der Drehrichtung, d.h. mit gleicher Dreh- und Steigungsrichtung, läßt sich ebenfalls berechnen. Hierbei ist zu beachten, daß sich in diesem Fall die Richtungen der Tangential- und Axialkräfte umkehren. Beim Arbeiten mit der Tabelle ist dies durch die Eingabe der entsprechenden negativen Werte zu berücksichtigen, so daß sich für ein solches Getriebe die korrekten Ergebnisse ergeben.

Die Berechnung der Lagerkräfte und maximalen Biegemomente können mit dieser Tabelle auch für Riemen- und Kettengetriebe durchgeführt werden. Man muß hier für die Tangential- und Axialkräfte jeweils den Wert Null eingeben. Da die die Welle belastende Kraft F_W radial wirkt, ist deren Wert als Axialkraft einzugeben.

Solange sich beide Räder zwischen den Lagern A und B befinden, kann das Arbeitsblatt auch auf Mischsysteme, wie z.B. Zahnrad mit Abtrieb über Riemen bzw. Kette oder umgekehrt, angewandt werden.

Für Anwendungsfälle, bei denen die Räder außerhalb der Lager sitzen oder das eine Rad zwischen den Lagern und das andere Rad fliegend angeordnet sind, kann die Tabelle GZW nicht verwendet werden. Das Erstellen einer neuen Tabelle hierfür ist relativ einfach. Der Leser sollte als Übung mit den in den Kapiteln 1 und 2 behandelten Befehlen und Methoden aufgrund der geänderten Berechnungsgrundlagen eine entsprechende Tabelle erstellen.

Anhang

A WAF-Referenzliste der Befehle und Optionen

Befehl	Optionen	Wirkung	Seite
Copy		**Kopieren von Zellen**	**42**
Data		**Arbeiten mit Dateien**	**121**
Data	Distribution	Häufigkeitsverteilung ermitteln	
Data	Fill	Dateibereich mit Zahlen auffüllen	121
Data	Query	Daten auswählen	130
	Criterion	Festlegen der Suchkriterien	131
	Delete	Löschen von Auswahlsätzen	
	Cancel	Löschbefehl annullieren	
	Delete	alle Auswahlsätze löschen	
	Select	Auswahlsätze selektiv löschen	
	Extract	Kopieren der Auswahlsätze in Ausgabereich	133
	Find	Auswahlsatz suchen	
	Input	Vereinbaren des Suchbereichs	131
	Output	Festlegen eines Ausgabebereichs	133
	Quit	Zurück in den Bereitschaftsmodus	133
	Reset	aktuelle Festlegungen löschen	
	Select	selektives Extrahieren	
	Unique	doppelte Sätze nur einmal extrahieren	
Data	Sort	Daten sortieren	
	Data-Range	Sortierbereich festlegen	
	Go	Sortierlauf starten	
	Primary-Key	ersten Sortierschlüssel festlegen	
	Quit	Zurück in den Bereitschaftsmodus	
	Reset	Sortierparameter löschen	
	Secondary-Key	zweiten Sortierschlüssel festlegen	
	Third-Key	dritten Sortierschlüssel festlegen	
Data	Table	Variantenberechnung von Dateien	122
	1	Tabelle in Abhängigkeit von einer Größe	122
	2	Tabelle in Abhängigkeit von zwei Größen	129
	Reset	Datentabelle löschen	
	Update	Datentabelle aktualisieren	

Befehl	Optionen	Wirkung	Seite
File		**Arbeiten mit Dateien**	**13**
File	Combine	Dateien kombinieren	
	Add	Addieren des aktuelle Arbeitsblattes	
	Entire File	einer gesamten Datei	
	Named Range	eines Bereiches	
	Copy	Kopieren in das aktuelle Arbeitsblatt	
	Entire File	einer gesamten Datei	
	Named Range	eines Bereiches	
	Substract	Subtrahieren des aktuelle Arbeitsblattes	
	Entire File	einer gesamten Datei	
	Named Range	eines Bereiches	
	Value	Werte im aktuellem Arbeitsblatt ersetzen	
	Entire File	durch eine gesamte Tabelle	
	Named Range	durch einen Bereich	
File	Directory	Verzeichnis wechseln	51
File	Erase	Löschen von	63
	Graph	Grafikdateien	
	Other-Waf	Textdateien	
	Print	Druckdateien	
	Worksheet	Arbeitsblattdateien	
File	Import	Importieren (aus Textdateien) von	
	Number	Zahlen	
	Text	Text	
File	List	Auflisten von	
	Graph	Grafikdateien	
	Other-Waf	Textdateien	
	Print	Druckdateien	
	Worksheet	Arbeitsblattdateien	
File	Other	Textdateien	
	Combine-Waf	kombinieren (vgl. /File Combine)	
	Add	addieren	
	Entire File		
	Named Range		
	Copy	kopieren	
	Entire File		
	Named Range		
	Substract	subtrahieren	
	Entire File		
	Named Range		

Befehl	Optionen	Wirkung	Seite
File	Other	Textdateien	
	Combine-Waf	kombinieren (vgl. /File Combine)	
	Value	Werte	
	Entire File		
	Named Range		
	Retrieve-Waf	Textdateien laden	
	Save-Waf	Textdatei speichern	
	Backup	mit Sicherheitskopie	
	Cancel	Befehl aufheben	
	Replace	ohne Sicherheitskopie	
	Xtract-Waf	Teil des Arbeitsblatts als Textdatei speichern	
	Formulas	Formeln speichern	
	Values	Werte speichern	
File	Retrieve	Arbeitsblatt laden	13
File	Save	Arbeitsblatt speichern	16
	Backup	mit Sicherheitskopie	
	Cancel	Befehl aufheben	
	Replace	ohne Sicherheitskopie	
File	Xtract	Teil des Arbeitsblatts speichern	
	Formulas	Formeln speichern	
	Values	Werte speichern	
Graph		**Arbeiten mit einer Grafik**	**73**
Graph	A bis F und X	Darzustellende Datenbereiche festlegen	73
Graph	Name	Speichern von Grafikfestlegungen	83
	Create	Speichern der aktuellen Grafik	
	Delete	Löschen einer Grafik	
	Reset	Löschen aller gespeicherten Grafiken	
	Show	Anzeigen aller gespeicherten Grafiken	
	Use	Laden und anzeigen einer Grafik	
Graph	Option	Grafiken formatieren und beschriften	77
	B&W	Schwarz-Weiß Grafik	
	Color	Farbgrafik	
	Data-Labels	Datenpunkten ein Label zuteilen	
	A bis F	Datenbereich	
	Above	Ausrichtung über Datenpunkt	
	Below	Ausrichtung unter Datenpunkt	
	Center	Ausrichtung zentriert	
	Left	Ausrichtung links	
	Right	Ausrichtung rechts	
	Quit	Zurück zum Optionsmenü	

Befehl	Optionen	Wirkung	Seite
Graph	Option	Grafiken formatieren und beschriften	
	Format	Format festlegen für	80
	A bis F	Datenbereich	
	Both	Linien und Symbole darstellen	
	Lines	Datenpunkte durch Linien verbinden	
	Neither	Datenpunkte nicht darstellen	
	Symbols	Datenpunkte mit Symbol darstellen	
	Graph	gesamte Grafik	
	Both	Linien und Symbole darstellen	
	Lines	Datenpunkte durch Linien verbinden	
	Neither	Datenpunkte nicht darstellen	
	Symbols	Datenpunkte mit Symbol darstellen	
	Quit	Zurück zum Optionsmenü	
	Grid	Zeichnen von Gitterlinien	77
	Both	Gitternetz	
	Clear	Gitterlinien Löschen	
	Horizontal	horizontale Gitterlinien	
	Vertical	vertikale Gitterlinien	
	Legend	Erklärungen für Datenbereiche festlegen	79
	A bis F	Datenbereich auswählen	
	Quit	Rückkehr zum Grafikmenü	
	Scale	Skalierung von numerischen Achsen	
	Skip	Werte überspringen	
	X-Scale	Skalierung der X-Achse	
	Automatic	automatisch	
	Format	Zahlenformat der Achse	
	Lower	Untergrenze	
	Manual	manuell	
	Quit	Zurück zum Optionsmenü	
	Upper	Obergrenze	
	Y-Scale	Skalierung der Y-Achse	
	Automatic	automatisch	
	Format	Zahlenformat der Achse	
	Lower	Untergrenze	
	Manual	manuell	
	Quit	Zurück zum Optionsmenü	
	Upper	Obergrenze	

Befehl	**Optionen**	**Wirkung**	**Seite**
Graph	Option	Grafiken formatieren und beschriften	
	Titles	Beschriften einer Grafik	77
	First	Text des ersten Grafiktitels	
	Second	Text des zweiten Grafiktitels	
	X-Axis	Titel der X-Achse	
	Y-Axis	Titel der Y-Achse	
Graph	Quit	Grafikmodus verlassen	75
Graph	Reset	Löschen von Grafikfestlegungen	83
	A bis F und X	eines Datenbereiches	
	Graph	der gesamten Grafik	
	Quit	Rückkehr in den Grafikmodus	
Graph	Save	Aktuell Grafik speichern	74
	Backup	mit Sicherheitskopie	
	Cancel	Befehl aufheben	
	Replace	ohne Sicherheitskopie	
Graph	Type	Auswahl der Grafikart treffen	73
	Bar	Balkendiagramm	
	Line	Liniendiagramm	
	Pie	Kreisdiagramm	
	Stacked-Bar	Stapelbalkendiagramm	
	XY	XY-Diagramm	
Graph	View	Aktuelle Grafik zeichnen	74
Move		**Verschieben von Zellen**	**55**
Print		**Ausgabe von Tabellen**	**18**
Print	Printer	Datei ausdrucken	19
	Align	Neue Papierposition	
	Clear	Druckparameter löschen	
	All	alle löschen	
	Borders	Randtext löschen	
	Format	Seitenrandfestlegungen löschen	
	Ranges	Druckbereich löschen	
	Go	Start des Druckvorgangs	21
	Line	Zeilenvorschub des Papiers	
	Options	Erscheinungsbild der Seite festlegen	
	Borders	Randtext bestimmen	
	Columns	Spalten als Randtext	
	Rows	Zeilen als Randtext	
	Footer	Fußzeile festlegen	
	Header	Kopfzeile festlegen	

Befehl	Optionen	Wirkung	Seite
Print	Printer	Datei ausdrucken	
	Options	Erscheinungsbild der Seite festlegen	
	Margins	lokale Seitenränder festlegen	
	Bottom	unten	
	Left	links	
	Right	rechts	
	Top	oben	
	Other	auszudruckenen Zellinhalt festlegen	
	As-Displayed	wie im Arbeitsblatt dargestellt	
	Cell-Formulas	Zellinhalt (Formeln, Format usw.)	
	Formatted	mit Seitenkopf, -fuß u. Seitenwechsel	
	Unformatted	unformatiert	
	Page-Length	lokale Seitenlänge einrichten	
	Quit	zurück zum Printermenü	
	Setup	Druckersteuerzeichen festlegen	
	Wait	Pause nach einer Seite	
	No	nein	
	Yes	ja	
	Page	Seitenvorschub des Druckerpapiers	
	Quit	Zurück in den Bereitschaftsmodus	20
	Range	Druckbereich bestimmen	20
Print	File	Druckdatei (PRN-Datei) speichern	22
	Clear	Parameter löschen	
	All	alle löschen	
	Borders	Randtext löschen	
	Format	Seitenrandfestlegungen löschen	
	Ranges	Druckbereich löschen	
	Go	Bereich mit Optionen speichern	
	Options	Erscheinungsbild der Seite festlegen	
	Borders	Randtext bestimmen	
	Columns	Spalten als Randtext	
	Rows	Zeilen als Randtext	
	Footer	Fußzeile festlegen	
	Header	Kopfzeile festlegen	
	Other	abzuspeichernden Zellinhalt festlegen	
	As-Displayed	wie im Arbeitsblatt dargestellt	
	Cell-Formulas	Zellinhalt (Formeln, Format usw.)	
	Formatted	mit Seitenkopf, -fuß u. Seitenwechsel	
	Unformatted	unformatiert	
	Page-Length	lokale Seitenlänge einrichten	
	Quit	zurück zum Printermenü	

Befehl	Optionen	Wirkung	Seite
Print	File	Druckdatei (PRN-Datei) speichern	
	Quit	Zurück in den Bereitschaftsmodus	
	Range	Abzuspeichernden Bereich festlegen	
Quit		**Tabellenkalkulation beenden**	
Range		**Arbeiten mit Bereichen**	**58**
Range	Erase	Inhalt eines Bereichs löschen	
Range	Format	Zahlenformate für Bereiche festlegen	60
	+/-	+/- Format	
	,	Kommaformat	
	Currency	Währungsformat	
	Date	Datumsformat	
	1:DD-MON-YY	Datum in der Form Tag-Monat-Jahr	
	2:DD-MON	Datum in der Form Tag-Monat	
	3:MON-YY	Datum in der Form Monat-Jahr	
	Fixed	Festes Format	
	General	Allgemeines Format	
	Hidden	Ausblendformat	
	Percent	Prozentformat	
	Reset	Globalformat reaktivieren	
	Scientific	Exponentialformat	
	Text	Textformat	
Range	Input	Eingabebereich festlegen	
Range	Justify	Bereichstext ordnen	
Range	Label	Bereichslabel ausrichten	
	Center	zentriert	
	Left	links	
	Right	rechts	
Range	Name	Verwalten von Bereichsnamen	107
	Create	Benennen eines Bereichs	107
	Delete	Bereichsnamen löschen	
	Labels	Label als Bereichsnamen definieren	
	Down	Label unterhalb der Bereichszelle	
	Left	Label links der Bereichszelle	
	Right	Label rechts der Bereichszelle	
	Up	Label oberhalb der Bereichszelle	
	Reset	alle Bereichsnamen löschen	
	Show	Bereichsnamen auflisten	
Range	Protect	Schutz für einen Bereich aktivieren	60
Range	Transpose	Bereich transponieren	59
Range	Unprotect	Schutz für einen Bereich aufheben	58
Range	Value	Formeln im Bereich zu Werten umwandeln	

Befehl	Optionen	Wirkung	Seite
Text		**Wechseln in die Textebene**	
Worksheet		**Arbeitsblatt-Einstellungen festlegen**	**26**
Worksheet	Audit	Prüfmodus	
	Reset	deaktivieren	
	Set	aktivieren	
Worksheet	Column-Width	Breite einer Spalte festlegen	29
	Reset	globale Breite zurücksetzen	
	Set	Breite festlegen	
Worksheet	Delete	Löschen von	54
	Column	Spalten	
	Row	Zeilen	
Worksheet	Erase	Löschen des aktuellen Arbeitsblattes	62
	No	Löschvorgang abbrechen	
	Yes	Löschvorgang bestätigen	
Worksheet	Global	Globale Arbeitsblattfestlegungen	27
	Column-Width	Spaltenbreite festlegen	29
	Default	Ändern von Systemfestlegungen	49
	Beep	akustische Signal bei Fehlermeldungen	
	No	ausschalten	
	Yes	einschalten	
	Directory	aktuelle Verzeichnis ändern	
	Printer	Änderung der Druckparameter	
	Auto-Lf	automatischen Zeilenvorschub Ja/Nein	
	Bottom	unteren Druckrand festlegen	
	Interface	Schnittstelle für Drucker festlegen	
	Left	linken Druckrand festlegen	
	Page-Length	Seitenlänge bestimmen	
	Quit	Rückkehr zum Default-Menü	
	Right	rechten Druckrand festlegen	
	Setup	Druckersteuercodes festlegen	
	Top	oberen Druckrand festlegen	
	Wait	Pause nach einer Seite Ja/Nein	
	Quit	Rückkehr zum BEREIT-Modus	
	Status	Anzeigen der aktuellen Parameter	
	Update	Abspeichern der Änderungen	

Befehl	Optionen	Wirkung	Seite
Worksheet	Global	Globale Arbeitsblattfestlegungen	
	Format	Darstellung von Zahlen festlegen	28
	+/-	+/- Format	
	,	Kommaformat	
	Currency	Währungsformat	
	Date	Datumsformat	
	1:DD-MON-YY	Datum in der Form Tag-Monat-Jahr	
	2:DD-MON	Datum in der Form Tag-Monat	
	3:MON-YY	Datum in der Form Monat-Jahr	
	Fixed	Festes Format	
	General	Allgemeines Format	
	Hidden	Ausblendformat	
	Percent	Prozentformat	
	Scientific	Exponentialformat	
	Text	Textformat	
	Label-Prefix	Labels in Zellen ausrichten	28
	Center	zentriert	
	Left	links	
	Right	rechts	
	Protection	Überschreibschutz	57
	Disable	deaktivieren	
	Enable	aktivieren	
	Recalculation	Neuberechnung eines Arbeitsblattes	94
	Automatic	automatische Neuberechnung	
	Columnwise	spaltenweise Neuberechnung	
	Iteration	Anzahl der Neuberechnungen	
	Manual	manuelle Neuberechnung	
	Natural	natürliche Neuberechnung	
	Rowwise	zeilenweise Neuberechnung	
Worksheet	Insert	Einfügen von	53
	Column	Spalten	
	Row	Zeilen	
Worksheet	Status	Globalfestlegungen anzeigen	27
Worksheet	Titles	Einrichten stationärer Titelbereiche	
	Both	Titelzeilen und -spalten	
	Clear	Titel aufheben	
	Horizontal	Titelzeile	
	Vertical	Titelspalte	

Befehl	Optionen	Wirkung	Seite
Worksheet	Window	Teilen des Bildschirms in zwei Fenster	
	Clear	annullieren der Bildschirmteilung	
	Horizontal	horizontale Teilung	
	Sync	synchoner Bildlauf beider Fenster	
	Unsync	unsynchoner Bildlauf beider Fenster	
	Vertical	vertikale Teilung	

B WAF-Funktionstypen und Operatoren

Mathematische Funktionen

@ABS(x)	Absolutwert $\lvert x \rvert$
@ACOS(x)	Arkusfunktion arccos x
@ASIN(x)	Arkusfunktion arcsin x
@ATAN(x)	Arkusfunktion arctan x
@ATAN2(x,y)	Arkusfunktion für Punkt(x,y)
@COS(x)	Winkelfunktion cos x
@EXP(x)	Exponentialfunktion e^x
@INT(x)	Ganzzahliger Teil von x
@LN(x)	Natürlicher Logarithmus ln x
@LOG(x)	Logarithmus lg x zur Basis 10
@MOD(x,y)	Modulo (Rest bei ganzzahliger Division x/y)
@PI	Kreiszahl Pi
@RAND	Zufallszahl zwischen 0 und 1
@ROUND(x,n)	Runden von x auf n Stellen
@SIN(x)	Winkelfunktion sin x
@SQRT(x)	Quadratwurzel $\sqrt{x}$
@TAN(x)	Winkelfunktion tan x

Statistische Funktionen

@AVG(Liste)	Mittelwert der Werte für den durch die Liste angegebenen Tabellenbereich
@COUNT(Liste)	Anzahl der Zelleinträge
@MAX(Liste)	Höchstwert
@MIN(Liste)	Mindestwert
@STD(Liste)	Standardabweichung
@SUM(Liste)	Summe
@VAR(Liste)	Varianz

Logische Funktionen

@IF(Bedingung,a,b)	Zweifache Auswahl für Zellinhalt
@ISERR(a)	1 für Wert ERROR, sonst 0
@ISNA(a)	1 für Wert NA, sonst 0
@FALSE	0 für logischen Wert FALSE
@TRUE	1 für logischen Wert TRUE

Finanzfunktionen

@FV(Betrag,Zinssatz,Perioden)	Endwert einer Annuität
@IRR(Schätzwert,Bereich)	Interner Zinsfuß einer Zahlungsreihe
@NPV(Zinssatz,Bereich)	Aktueller Barwert einer Zahlungsreihe
@PMT(Kapital,Zinssatz,Perioden)	Darlehns-Rückzahlrate pro Periode
@PV(Betrag,Zinssatz,Perioden)	Aktueller Barwert einer Annuität

Datenbankfunktionen

@DAVG(Bereich,Spalte,Kriterien)	Mittelwert der Auswahlwerte, die in der angegeben Spalte des Suchbereichs stehen und den Bedingungen des Kriterienbereichs genügen
@DCOUNT(Bereich,Spalte,Kriterien)	Anzahl der Auswahlwerte
@DMAX(Bereich,Spalte,Kriterien)	Höchstwert der Auswahlwerte
@DMIN(Bereich,Spalte,Kriterien)	Mindestwert der Auswahlwerte
@DSTD(Bereich,Spalte,Kriterien)	Standardabweichung der Auswahlwerte
@DSUM(Bereich,Spalte,Kriterien)	Summe der Auswahlwerte
@DVAR(Bereich,Spalte,Kriterien)	Varianz der Auswahlwerte

Kalenderfunktionen

@DATE(Jahr,Monat,Tag)	Lfd. Nr. a für das Datum in Anzahl von Tagen ab dem 31.Dezember 1899
@DAY(a)	Tag für lfd. Nr. a
@MONTH(a)	Monat für lfd. Nr. a
@TODAY	Lfd. Nr. a für aktuelles Systemdatum
@YEAR(a)	Jahr für lfd. Nr. a

Sonderfunktionen

@CHOOSE(Zahl,Liste von Argument.)	Auswahl eines Wertes aus einer Liste von Argumenten aufgrund einer Auswahlzahl
@ERR	Wert ERROR
@HLOOKUP(Variable,Bereich,Zeile)	Zeilenweises Suchen in einem Tabellenbereich aufgrund einer Vergleichsvariablen
@NA	Wert NA für nicht verfügbar
@VLOOKUP(Variable,Bereich,Spalte)	Spaltenweises Suchen analog HLOOKUP.

Operatoren

^	Potenzierung
+	Pluszeichen bzw. Addition
-	Minuszeichen bzw. Subtraktion
*	Multiplikation
/	Division
=	Gleich
<	Kleiner als
<=	Kleiner als oder gleich
>	Größer als
>=	Größer als oder gleich
<>	Ungleich
#NOT#	Logisches NICHT
#AND#	Logisches UND
#OR#	Logisches ODER

C WAF-Makro-Befehle und Sondertasten

Befehl	**Wirkung**	**Seite**
/XC*Adresse*~	Aufruf eines Untermakros	119
/XG*Adresse*~	Unbedingter Sprung	119
/XI*Bedingung*~*Anw.*~	Bedingte Anweisung	119
/XL*Hinweis*~*Zelle*~	Dialogeingabe eines Textes	115
/XM*Adresse*~	Vereinbaren und Aufruf eines Menüs	117
/XN*Hinweis*~*Zelle*~	Dialogeingabe eines numerischen Wertes	115
/XQ	Beenden der Makroausführung	114
/XR	Rücksprung nach einem Untermakroaufruf (/XC)	119

Makro	**Sondertaste**	110
~	<Return>-Taste	
{Down}	<↓>-Taste	
{Up}	<↑>-Taste	
{Right}	<→>-Taste	
{Left}	<←>-Taste	
{PgUp}	<PgUp>-Taste: Verschieben des Bildschirms nach oben	
{PgDn}	<PgDn>-Taste:Verschieben des Bildschirms nach unten	
{Home}	<Home>-Taste: Sprung an den Arbeitsblattanfang	
{End}	<End>-Taste	
{Del}	<Delete>-Taste: Löschen von Zeichen	
{Esc}	<Escape>-Taste	
{Bs}	<Backspace>-Taste	
{Edit}	<F2>-Taste: Editiermodus aktivieren	
{Name}	<F3>-Taste: Anzeige der Bereichsnamen	
{Abs}	<F4>-Taste: absolute Adresse	
{Goto}	<F5>-Taste: Springen an eine bestimmte Stelle	
{Windows}	<F6>-Taste: Wechsel zwischen den Fenstern	
{Query}	<F7>-Taste: Wiederholung der Datensuche	
{Table}	<F8>-Taste: Datentabelle aktualisieren	
{Calc}	<F9>-Taste: Neuberechnung der Tabelle	
{Graph}	<F10>-Taste: Anzeigen der Grafik	
{?}	Pause zwecks Eingabe	

D Beispiel-Tabellen

Name	Wirkung	Seite
SinKurv1	Grafische Darstellung einer Sinuskurve	75
SinKurv2	Beschriften einer Grafik	78
SinusTab	Wertetabelle für Sinus-Funktion	65
StueLis	Stückliste für ein Lochwerkzeug	8
StueLis2	Erweiterung der Stückliste	52, 87, 88
TanTab	Wertetabelle für Tangens-Funktion	66
ZR_Geo	Verzahnungsgeometrie von Stirnrädern	173
Zylind2	Verschieben eines Zellbereichs von Zylinder	56
Zylinder	Berechnung des Volumens und der Masse eines Zylinders	32

E Literaturverzeichnis

[1] Roloff/Matek: Maschinenelemente Lehrbuch
Friedr. Vieweg & Sohn Braunschweig/Wiesbaden
12. Auflage

[2] Roloff/Matek: Maschinenelemente Tabellen
Friedr. Vieweg & Sohn Braunschweig/Wiesbaden
12. Auflage

[3] Roloff/Matek: Maschinenelemente Formelsammlung
Friedr. Vieweg & Sohn Braunschweig/Wiesbaden
2. Auflage

[4] Roloff/Matek: Maschinenelemente Aufgabensammlung
Friedr. Vieweg & Sohn Braunschweig/Wiesbaden
8. Auflage

[5] Alfred Böge: Mechanik und Festigkeitslehre
Friedr. Vieweg & Sohn Braunschweig/Wiesbaden
21. Auflage

[6] Alfred Böge: Aufgabensammlung zur Mechanik und Festigkeitslehre
Friedr. Vieweg & Sohn Braunschweig/Wiesbaden
12. Auflage

[7] Alfred Böge: Lösungen zur Aufgabensammlung Mechanik und Festigkeitslehre
Friedr. Vieweg & Sohn Braunschweig/Wiesbaden
12. Auflage

[8] Werner Barbe: Anwendungsprogrammierung mit Lotus 1-2-3
Vogel Verlag Würzburg
1. Auflage

[9] R. Baker, W. Abt: Words&Figures Handbuch
Lifetree Software Inc. Monterey, California, USA
1985

Sachwortverzeichnis

E

F